育雏(网上)

育雏(笼育)

育雏(地面)

商品鸡网上平养

商品鸡笼养（自制简易笼）

商品鸡林地放养

商品鸡地面平养

商品鸡地面平养

商品鸡草地放养

简易塑料大棚养鸡（内景）

简易塑料大棚养鸡（运动场）

简易塑料大棚养鸡（外景）

优质黄羽肉鸡养殖技术

刘华贵　编著

金盾出版社

内 容 提 要

本书由北京市农林科学院刘华贵副研究员编著。内容包括：优质黄羽肉鸡养殖现状和发展趋势、品种选择、人工孵化、鸡舍建筑与饲养设备、营养与饲料、饲养管理技术、鸡病综合预防措施与合理用药等7章。本书较系统全面地介绍了优质黄羽肉鸡养殖的先进技术和成功经验，内容丰富，科学实用，文字通俗简练。适合优质肉鸡养殖户、养鸡场工作人员和农业院校师生阅读参考。

图书在版编目(CIP)数据

优质黄羽肉鸡养殖技术/刘华贵编著．—北京：金盾出版社，2006.9
 ISBN 978-7-5082-4166-5

Ⅰ.优… Ⅱ.刘… Ⅲ.肉用鸡-饲养管理 Ⅳ.S831.4

中国版本图书馆CIP数据核字(2006)第082284号

金盾出版社出版、总发行
北京太平路5号(地铁万寿路站往南)
邮政编码：100036　电话：68214039　83219215
传真：68276683　网址：www.jdcbs.cn
彩色印刷：北京精彩雅恒印刷有限公司
黑白印刷：北京金盾印刷厂
装订：兴浩装订厂
各地新华书店经销
开本：787×1092 1/32　印张：8.375　彩页：4　字数：183千字
2010年3月第1版第3次印刷
印数：21001—27000册　定价：14.00元
(凡购买金盾出版社的图书，如有缺页、
倒页、脱页者，本社发行部负责调换)

前 言

优质黄羽肉鸡,又称黄羽肉鸡、黄鸡、三黄鸡、优质肉鸡、优质鸡,外观以黄羽和黄麻羽为主。与普通肉鸡相比,优质黄羽肉鸡虽然增重较慢,饲料转化率不高,但抗病力强,营养丰富,肉质优异,肌肉嫩滑,味道鲜美,风味独特,因而深受市场的青睐,价格是普通肉鸡的 2~3 倍。近年来,优质黄羽肉鸡的养殖与消费主要集中在我国南方各省、自治区和直辖市,其生产规模不断扩大,已由南向北形成一个新的饲养高潮,产业化发展势头迅猛,成为当前农村新的极具活力的经济增长点,并具有鲜明的民族特色。目前,优质黄羽肉鸡在全国的饲养量已占到整个肉鸡行业的 50% 以上,在广东、广西两地甚至达到 90% 以上。将来有可能成为我国现代肉鸡产业生产的主体。

针对当前各地优质黄羽肉鸡生产的蓬勃发展,本书立足国内养鸡生产的国情,较为系统深入地阐述了优质黄羽肉鸡的综合饲养技术。本书内容包括:优质黄羽肉鸡养殖现状与发展趋势、品种、孵化、建筑与设备、营养与饲料、饲养管理、放养技术、鸡病综合预防措施与合理用药等 7 章。本书将先进、实用的优质黄羽肉鸡生产技术系统、全面地予以介绍,既适用于各养禽场(户),又可供广大养禽技术人员和管理人员参考。

在本书的编写和出版过程中,参考了许多书刊,谨在此向各书作者表示感谢。同时得到了很多同志的全力帮助,在此表示由衷的感谢。

优质黄羽肉鸡养殖是一门新兴的产业,规模化、产业化生产也是近年来才出现的,其发展更是日新月异,限于写作时间、知识和水平有限,错误、疏忽在所难免,若能承蒙专家、同行和读者的批评指正,将不胜感谢。

编著者
2006 年 4 月

目 录

第一章 优质黄羽肉鸡养殖现状与发展趋势…………(1)
　一、优质黄羽肉鸡的概念…………………………(1)
　二、优质黄羽肉鸡的分类…………………………(2)
　　(一)优质型…………………………………………(2)
　　(二)中速型…………………………………………(3)
　　(三)快大型…………………………………………(3)
　三、优质黄羽肉鸡的特点…………………………(4)
　四、优质黄羽肉鸡发展中存在的主要问题………(6)
　五、优质黄羽肉鸡的发展趋势……………………(8)
　　(一)依靠科技,进一步提高产品的科技含量……(8)
　　(二)市场定位于国内………………………………(8)
　　(三)企业联合,促进优质黄羽肉鸡产业化发展…(9)
　　(四)探索新销售方式和产品深加工………………(9)
　　(五)加强品牌效应,提高产品档次………………(9)

第二章 优质黄羽肉鸡品种选择…………………(11)
　一、地方品种………………………………………(11)
　　(一)北京油鸡………………………………………(11)
　　(二)固始鸡…………………………………………(13)
　　(三)仙居鸡…………………………………………(14)
　　(四)清远麻鸡………………………………………(15)
　　(五)河田鸡…………………………………………(16)
　　(六)大骨鸡…………………………………………(17)
　　(七)鹿苑鸡…………………………………………(17)

    (八)霞烟鸡 …………………………………………(18)
    (九)萧山鸡 …………………………………………(19)
    (十)惠阳胡须鸡 ……………………………………(20)
  二、培育品种 …………………………………………(21)
    (一)岭南黄鸡 ………………………………………(21)
    (二)江村黄鸡 ………………………………………(22)
    (三)康达尔黄鸡 ……………………………………(23)
    (四)苏禽黄鸡 ………………………………………(25)
    (五)墟岗黄鸡 ………………………………………(26)
    (六)皖南黄鸡 ………………………………………(26)
    (七)新兴黄鸡 ………………………………………(27)
  三、品种选择注意事项 ………………………………(27)
第三章 优质黄羽肉鸡人工孵化 …………………………(29)
  一、蛋的构造与形成 …………………………………(29)
    (一)蛋的构造 ………………………………………(29)
    (二)蛋的形成 ………………………………………(31)
  二、种蛋的选择与贮存 ………………………………(31)
    (一)种蛋的选择 ……………………………………(31)
    (二)种蛋的贮存 ……………………………………(35)
  三、种蛋的包装、运输与消毒 ………………………(37)
    (一)种蛋的包装 ……………………………………(37)
    (二)种蛋的运输 ……………………………………(38)
    (三)种蛋的消毒 ……………………………………(38)
  四、人工孵化的条件 …………………………………(40)
    (一)温度 ……………………………………………(40)
    (二)相对湿度 ………………………………………(42)
    (三)通风换气 ………………………………………(43)

(四)翻蛋 …………………………………………（44）
　　(五)凉蛋 …………………………………………（44）
　五、胚胎发育的主要特征…………………………………（45）
　　(一)胚胎发育的外部特征 ………………………（45）
　　(二)胎膜的形成及其功能 ………………………（51）
　六、孵化方法………………………………………………（53）
　　(一)机器孵化法 …………………………………（53）
　　(二)传统孵化法 …………………………………（59）
　　(三)衡量孵化成绩的指标 ………………………（64）
　七、雏鸡的雌雄鉴别、分级和运输………………………（65）
　　(一)雏鸡的雌雄鉴别 ……………………………（65）
　　(二)雏鸡的分级 …………………………………（67）
　　(三)雏鸡的运输 …………………………………（67）
第四章　鸡舍建筑与饲养设备……………………………（69）
　一、鸡场场址选择和鸡舍建筑……………………………（69）
　　(一)鸡场场址的选择原则 ………………………（69）
　　(二)鸡场的分区与布局 …………………………（70）
　　(三)鸡舍建筑设计 ………………………………（72）
　二、饲养设备………………………………………………（78）
　　(一)供暖加温设备 ………………………………（79）
　　(二)供水饮水设备 ………………………………（80）
　　(三)给料设备 ……………………………………（84）
　　(四)鸡笼 …………………………………………（87）
　　(五)降温设备 ……………………………………（89）
　　(六)消毒设备 ……………………………………（91）
　　(七)其他设备 ……………………………………（92）
第五章　营养与饲料………………………………………（94）

一、鸡的消化特点 ………………………………… (94)
二、营养需要 ……………………………………… (96)
　(一)水分 ………………………………………… (97)
　(二)蛋白质 ……………………………………… (97)
　(三)碳水化合物 ………………………………… (99)
　(四)脂肪 ………………………………………… (100)
　(五)矿物质 ……………………………………… (101)
　(六)维生素 ……………………………………… (103)
三、常用饲料原料 ………………………………… (104)
　(一)青绿饲料 …………………………………… (105)
　(二)能量饲料 …………………………………… (106)
　(三)蛋白质饲料 ………………………………… (108)
　(四)矿物质饲料 ………………………………… (112)
　(五)维生素饲料 ………………………………… (113)
　(六)饲料添加剂 ………………………………… (113)
四、饲养标准 ……………………………………… (121)
五、饲料配合 ……………………………………… (122)
　(一)配合饲料的种类及形状 …………………… (122)
　(二)配合饲料的意义 …………………………… (124)
　(三)饲料配方设计的基本原则 ………………… (125)
　(四)饲料配方设计的方法 ……………………… (126)

第六章　饲养管理技术 …………………………… (130)
一、饲养方式 ……………………………………… (130)
　(一)地面平养 …………………………………… (130)
　(二)笼养 ………………………………………… (131)
　(三)网上平养 …………………………………… (131)
　(四)放养 ………………………………………… (132)

二、饲养密度 …………………………………………(132)
三、雏鸡的培育 ………………………………………(133)
　(一)雏鸡的生物学特性………………………………(133)
　(二)育雏方式…………………………………………(134)
　(三)育雏前的准备工作………………………………(139)
　(四)接运雏鸡…………………………………………(142)
　(五)雏鸡的饲养管理…………………………………(143)
四、生长期的饲养管理 ………………………………(156)
　(一)调整饲料营养……………………………………(156)
　(二)公母分群饲养……………………………………(158)
　(三)防止饲料浪费……………………………………(158)
　(四)防止产生恶癖……………………………………(158)
　(五)供给充足、卫生的饮水 …………………………(159)
五、肥育期的饲养管理 ………………………………(159)
　(一)调整饲料营养……………………………………(159)
　(二)鸡群健康观察……………………………………(162)
　(三)加强垫料管理……………………………………(163)
　(四)带鸡消毒…………………………………………(164)
　(五)及时分群…………………………………………(164)
　(六)减少应激…………………………………………(164)
　(七)搞好卫生防疫工作………………………………(165)
　(八)认真做好日常记录………………………………(165)
　(九)适时出栏…………………………………………(165)
　(十)正确抓鸡、运鸡,减少外伤………………………(166)
六、黄羽肉鸡的季节性管理 …………………………(166)
　(一)炎热季节的饲养管理……………………………(166)
　(二)梅雨季节的饲养管理……………………………(168)

（三）寒冷季节的饲养管理………………………（169）
七、优质黄羽肉鸡放养技术 ………………………（170）
　（一）放养场地建设………………………………（170）
　（二）育雏、育成期的饲养管理…………………（171）
　（三）产蛋期管理…………………………………（174）
八、放养模式举例 …………………………………（176）
　（一）绿鸟鸡放养的生态、社会和经济价值……（177）
　（二）绿鸟鸡放养技术要点………………………（177）
九、塑料大棚饲养黄羽肉鸡 ………………………（178）
　（一）塑料大棚建造工艺…………………………（178）
　（二）大棚饲养黄羽肉鸡环境控制………………（179）
十、种鸡的饲养管理 ………………………………（182）
　（一）育成鸡的限制饲养…………………………（182）
　（二）种鸡的体重控制……………………………（186）
　（三）实行正确的光照制度………………………（192）
　（四）产蛋期间温度的控制………………………（197）
　（五）种鸡的日常管理……………………………（198）
　（六）种公鸡的饲养管理…………………………（202）
十一、人工授精技术 ………………………………（204）
　（一）公鸡的生殖生理……………………………（204）
　（二）母鸡的生殖生理……………………………（205）
　（三）鸡人工授精技术的优越性…………………（207）
　（四）采精…………………………………………（208）
　（五）人工授精技术………………………………（209）
　（六）影响种蛋受精率的因素……………………（209）

第七章　鸡病综合预防措施及合理用药 …………（212）
一、鸡病发生的特点 ………………………………（212）

(一)死亡率高……………………………………………(212)
   (二)疾病发生的种类增多,危害严重………………(212)
   (三)新的疫病不断发生和流行………………………(213)
   (四)细菌性疾病的危害日趋严重……………………(213)
   (五)原有的次要疾病变成主要疾病…………………(213)
   (六)原有疾病出现非典型化和慢性化(或急性化)
       的新特点…………………………………………(213)
   (七)寄生虫病多发……………………………………(214)
   (八)呼吸道疾病的发生相对较少……………………(214)
 二、鸡病综合预防措施……………………………………(214)
   (一)鸡舍场地的合理选择……………………………(214)
   (二)把好鸡种引入关…………………………………(215)
   (三)科学的饲养管理,增强鸡体抗病力……………(215)
   (四)严格消毒…………………………………………(217)
   (五)实施有效的免疫计划,认真做好免疫接种
       工作………………………………………………(218)
   (六)采用药物预防疾病,提高鸡群健康水平………(224)
   (七)加强疾病监测工作………………………………(224)
   (八)发现疫情迅速采取扑灭措施……………………(226)
 三、家禽合理用药…………………………………………(226)
   (一)药物的合理应用…………………………………(226)
   (二)家禽不合理用药所引起的公害问题……………(228)
   (三)无害化用药………………………………………(229)
附录 黄羽肉鸡饲养标准……………………………………(234)
 附表1 黄羽肉鸡仔鸡营养需要………………………(234)
 附表2 黄羽肉鸡仔鸡体重及耗料量…………………(236)
 附表3 黄羽肉鸡种鸡营养需要………………………(236)

附表4 黄羽肉鸡种鸡生长期体重与耗料量 ……… (238)
附表5 黄羽肉鸡种鸡产蛋期体重与耗料量 ……… (239)
附表6 中国禽用饲料成分及营养价值表 ……… (241)
附表7 常用矿物质饲料中矿物元素的含量 ……… (247)
附表8 常用维生素类饲料添加剂产品有效成分含量 …………………………………………… (249)

第一章 优质黄羽肉鸡养殖现状与发展趋势

一、优质黄羽肉鸡的概念

优质黄羽肉鸡是相对于国外白羽快大型肉仔鸡而言的。我国在20世纪80年代陆续从国外引进了AA、艾维茵等生长快、饲料利用能力强的白羽肉用仔鸡品种,俗称"快大鸡"。快大鸡曾经风靡一时,为迅速提高我国的鸡肉产量、满足市场需求起到了非常巨大的作用。由于"快大鸡"存在着肌纤维粗、鸡味寡淡等缺点,在我国的饲养比重正逐年下降。相反,以我国地方品种为代表的优质黄羽肉鸡,虽然增重稍慢,但肉质优异、味道鲜美。因此,近10年来,优质黄鸡的发展速度很快,已由南向北形成一个新的饲养高潮。在南方两广地区,优质黄羽肉鸡已占到肉鸡上市的90%以上。

优质黄羽肉鸡通常指含有中国地方鸡种血缘、肉质优良、外貌和屠体品质适合消费者需求的地方鸡种或仿土鸡,外观多为黄羽或黄麻羽。优质黄羽肉鸡分布于全国各地,其消费市场主要集中在广东、广西、福建、上海、江苏、浙江、海南以及港澳等南方沿海地区和内陆大中城市。

关于黄羽肉鸡概念的讨论已有10年之久。由于各地不同的土鸡资源和人民对饮食加工习惯的多样性,各地消费市场都有其各自不同的认定标准。

根据南方粤、港、澳活鸡市场的认可标准,优质鸡应包含如下内容。

第一,外形三黄(黄羽、黄皮、黄胫)或黄麻羽、麻羽等类型的鸡种。

第二,南方广东活鸡市场的优质鸡是指临开产前的小母鸡,饲养期在120天以上的本地鸡(土鸡)或90~100天以上的仿土鸡(如石岐杂鸡类型),上市体重1.25~1.5千克,也包括饲养150天以上的阉鸡;香港活鸡市场要求饲养105~110天以上的小母鸡,上市体重为1.9~2.2千克。

第三,小母鸡健康、有神、美观,冠脸红润,羽毛油光发亮,胫骨小,皮薄毛孔细小,胸腹部脂肪沉积适中,体型团圆,酷似开产前小母鸡的体态。

第四,屠体皮肤光滑,毛孔细小,皮下脂肪黄嫩,皮薄紧凑有形,色香味俱佳,肉质鲜美、细嫩、鸡味浓郁。

第五,适宜制作广东"白切鸡"的原料。

二、优质黄羽肉鸡的分类

按照体型大小和生长速度的不同可将优质黄羽肉鸡大致划分为优质型、中速型和快大型3个类型。

(一)优质型

也称慢速型、高档型。优质型的黄羽肉鸡以地方品种为主,基本上不含有或很少含有引进品种的血缘。其中一类是未经选育的地方土鸡(北方俗称"柴鸡"),本身没有明显的品种特征,体型、外貌、毛色很不一致,生长速度很慢;另一类是经过品种选育,生产性能有一定提高的优质地方鸡种或类似的配套系,体型外貌一致。一般来说,这类型的公鸡90~100日龄上市,体重1.4~1.6千克,肉料比为1∶3.2~3.6。青年母鸡100～120日龄上市,体重1.3～1.5千克,肉料比为1∶3.5～4。成年母鸡体重在1.5～2千克,繁殖性能低下,有强烈的就巢性(抱窝),年产蛋量为100～150枚。体型较小,结构紧凑,脚细骨细,饲养方式以放养为主,肉质特别鲜美、爽滑和芳香。在广东、广西等地区,常常采取山地、果园放养方式将小母鸡饲养至120日龄,临近开产时才上市,肉质好,售价高。这种类型的肉鸡以北京油鸡、广西三黄鸡、清远麻鸡、文昌鸡、河田鸡等为代表。

(二)中速型

这种类型的黄羽肉鸡多数带有25%左右引进品种(隐性白等)的血缘,如江村黄鸡、兴农黄鸡等,主要是通过和隐性白等品种杂交育成。这一类型的优质黄羽肉鸡其生长速度较慢速型快,体型亦较大,脚较长,一般在80～85日龄小母鸡体重达到1.25～1.5千克,饲养至100日龄,经肥育后体重可达到1.75千克左右。

(三)快大型

也称快速型。这类型的优质黄羽肉鸡也是采用杂交方法育成,含有较多的外来品种血缘,或经过高强度的系统选育而成。增长速度快,50～60日龄即可达到1.5千克的上市体重,饲料利用能力较强,成本低,但体大骨粗,肉质较差,鸡味较淡。这类型鸡以快大型岭南黄鸡、墟岗黄鸡等为代表。

在20世纪90年代,国内饲养的优质黄羽肉鸡以中速型为主,但进入21世纪以后,逐渐出现两极分化的趋势。一方面,育种公司加大了黄羽肉鸡增重速度的选育,生长速度越来越快,快大型黄羽肉鸡的市场份额增大;另一方面,以纯地方品种类型为主的优质型黄羽肉鸡的饲养量也越来越大,在广东、广西地区占到30%以上。

三、优质黄羽肉鸡的特点

与快大型肉鸡相比,优质黄羽肉鸡具备以下特点。

第一,生长速度慢,成本高。快大型肉鸡一般7周龄上市,体重2千克左右,而此时的快大型黄羽肉鸡体重为1千克左右,只是肉鸡生长速度的1/2。优质型黄羽肉鸡的生长速度就更慢了,7周龄的体重在0.5～0.6千克,只有肉鸡生长速度的1/4。由于优质黄羽肉鸡饲养周期长,料肉比高,故生产成本要大大高于普通肉鸡,售价是普通肉鸡的2～3倍。

第二,生产周期长。大多数优质地方鸡种需饲养至3～4月龄,体重达1.2～1.6千克方可上市。在正常的饲养管理条件下,每年饲养3批左右。快大型肉鸡一般7周龄上市,每年可饲养6批左右。

第三,肉质优异。一般来说,生长速度和肉质之间为负相关,生长速度越快,肉质越差。优质黄羽肉鸡由于增重慢,生长周期长,肉质要大大优于快大型肉鸡。据科学测定表明,优质黄羽肉鸡含有较高的游离氨基酸、肌内脂肪和不饱和脂肪酸等风味物质。

第四,对饲料的营养水平要求相对较低。地方品种耐粗饲,有较强的适应能力,在低蛋白(粗蛋白质19%)、低能量(11.3兆焦)的营养水平下,0～5周龄仍正常生长,不会出现营养缺乏症。中速型和快大型黄羽肉鸡的生长速度、饲料利用能力等方面介于地方品种和快大型肉鸡品种之间,也有人称为"仿土鸡",但对于营养的要求则接近于快大型肉用仔鸡。

所以,这两类型黄羽肉鸡生长前期和中期的营养需要,一般参照快大型肉用仔鸡的营养水平配给,而生长后期(肥育阶段)则宜采用高能量含油脂的饲料。

第五,生长后期对脂肪的利用能力强。由于人们对优质黄羽肉鸡的肉质要求富含脂肪,通过长期的选育,形成了优质黄羽肉鸡后期脂肪利用能力强的特点。例如清远麻鸡青年母鸡经15天肥育可增重250克。

第六,饲养方式不同。快大型肉用仔鸡性情温驯,不善跳跃,适宜于大规模高密度饲养。优质地方鸡种则性情活泼,追逐好斗,跳跃能力强。优质地方鸡种除雏鸡阶段(0~6周龄,也称小鸡)舍内保温育雏外,生长期(7~10周龄,也称中鸡)和育肥期(11周龄以上,也称大鸡)采取舍外放养为主的饲养方式。地方鸡种依靠野外长时间的放牧、采光和运动,体质强健,防病用药明显减少,有利于肉质的改善和食品安全。

第七,自然生理属性明显。优质黄羽肉鸡含有培育品种的血液成分较少,鸡的自然生理属性较明显。例如,鸡群活动量大,公鸡喜斗架,易发生啄癖,就巢性强等。特别是在光线强烈、饲养密度大的集约化条件下,发生啄癖症的机会较多,给生产带来损失。这是优质地方鸡种生产中极为常见的一个问题。

第八,抗病力和耐受力较外来品种强,但有其独特的发病机制和特点。与引进的快大型肉鸡品种相比,优质黄羽肉鸡具有较强的抗病力和耐受力,但由于饲养时间长,有其独特的发病机制和特点。如鸡马立克氏病,通常以2~4月龄发病率最高,多发于40~60日龄,快速型肉用仔鸡此时已达上市屠宰日龄,死亡率不高。优质地方鸡种由于生产周期较长,马立克氏病的发生较为多见。因此,1日龄雏鸡应选用CVI988液氮苗。如果选用 HVT 冻干苗则不能起到很好的保护作用。优质地方鸡种由于长期户外活动,且采食较多的虫、草,因而其呼吸道疾病发生较少,而寄生虫病较多。此外,由于优质地方鸡种多采用厚垫料育雏方式,球虫病多发,防治费用较高。

四、优质黄羽肉鸡发展中存在的主要问题

第一,品种选育程度不高,良种体系建设尚待完善。随着优质黄羽肉鸡生产的蓬勃发展,国内涌现了一大批黄羽肉鸡育种企业,各地因地制宜,就地取材,育成了一系列的黄羽肉鸡品种。但由于选育时间短,而且大多数企业还存在着基础条件差、资金短缺、技术力量薄弱等问题,品种的选育程度明显不高,在生产性能、均匀度、稳定性、一致性等方面还存在较大缺陷。企业从事杂交配套的多,搞本品种选育的少。品种表现出小区域、小规模特色,鸡种代次明显偏低。这就难以满足集约化大规模养鸡生产的需要。广东省正在培育适合南方亚热带气候的"节粮、优质、高效"配套优质黄羽肉鸡新品系,计划建立包括曾祖代、祖代、父母代、商品代在内的良种繁育体系。南方其他地区或在配套完善、或还未起步。北方的优质黄羽肉鸡生产整体滞后。显然,全国优质黄羽肉鸡良种繁育体系建设明显落后于商品生产的发展。

第二,产业化经营机制尚待构建。从市场的角度来看,近十几年出现的一些黄羽肉鸡生产体系,只停留在鲜活市场和出口港澳活鸡市场。由于没有工业的支持,没有冷冻产品和连锁快餐业来支持优质黄羽肉鸡加工产品,占领不了广大的国内市场。目前的现状是,各生产场家自产自销,卖鲜活鸡的多,转化加工的少;在本地区销售的多,跨区域销售的少,精细

深加工的几乎没有。同时,优质黄羽肉鸡的大众化资源开发又滞后于现代消费需求,未能开发出与现代消费接轨的富有特色的系统商品,造成商品转化率低,容易导致产业化过程中比较效益低下、经营风险很大的局面发生。

第三,饲养管理技术有待规范。优质黄羽肉鸡规模生产中,由于受饲养管理技术、财力条件的限制,普遍存在着因陋就简的现象,鸡舍条件差、消毒观念差、无害化认识差、营养知识差,影响了养鸡生产的经济效益。

第四,宏观调控机制有待建立。优质黄羽肉鸡规模生产起步较晚,明显表现出自发性和盲目性,缺乏有力的管理指导机构,缺乏宏观调控。不少养殖户对市场和自身条件缺乏科学分析,围绕热点转,盲目发展,一哄而上,饲养粗放,管理简单。不开展市场调研,难免会在市场竞争中形成负面影响,结果造成市场价格潮起潮落,波动很大,使一些生产者吃了不少苦头。

第五,市场混乱,缺乏统一管理。由于优质黄羽肉鸡生长周期长,肉质优异,市场售价也高。为了追求短期经济效益,育种企业往往采取杂交配套的方式来模仿优质土鸡的外形、外貌,育成所谓的仿土鸡。仿土鸡的绝大多数品种虽然外观不错,然而比起地道的本地品种来,味道差很远。目前市场上风行的表形三黄、麻花、麻黄等仿土肉鸡,如果从严格的品质育种的高度去衡量的话,大部分未达到真正的优质标准。

由于缺乏统一的市场管理和认证分级制度,加上大多数消费者的鉴别能力有限,因此黄羽肉鸡市场以次充好、鱼龙混杂的现象非常普遍。在北京冰鲜鸡市场,以肉杂鸡(以商品肉鸡作为父本与商品蛋鸡杂交生产的商品鸡)冒充三黄鸡、以淘汰蛋鸡冒充柴鸡的现象十分普遍。真正的优质黄羽肉鸡,由于优质不能优价,陷入生产困境。

五、优质黄羽肉鸡的发展趋势

(一)依靠科技,进一步提高产品的科技含量

优质肉鸡由南向北、由东向西,向全国发展是势在必行,这是真正具有中国特色的优质鸡产业经济。其产品类型将继续向多样化发展,以适应市场细分的需求。一部分育种企业重点生产符合我国大众普通消费水平的快大型黄羽肉鸡,通过选育,父母代种母鸡的繁殖力和商品肉鸡的生长速度指标将逐步接近国际水平,从而降低黄羽肉鸡的生产成本而立足于全国市场。另一部分育种企业将在提高种鸡繁殖能力的同时,将重点致力于品质育种,生产饲养期110~120天的土鸡型高档优质肉鸡。预计高档优质型黄羽肉鸡(如广东湛江广海鸡、北京宫廷黄鸡等)在今后数年内将有较大增幅,约占肉鸡市场的35%以上。

总之,各育种单位将进一步加大种鸡的选育力度,提高生长速度和产蛋率,降低雏鸡与商品肉鸡的生产成本,依靠科技进步,推动优质黄羽肉鸡持续、稳定的发展。

(二)市场定位于国内

国内优质黄羽肉鸡消费市场的迅速崛起,充分表明优质黄羽肉鸡发展潜力巨大。因此,应将优质黄羽肉鸡的研究、开发的重点放在国内市场。这里应包括符合现代化工业生产所需的优质黄羽肉鸡繁育体系(包括利用地方良种作为第二父系的原种场),配套的饲料工业,防疫和兽药工业系统,各类鸡

舍、设备及建筑、机械生产系统,屠宰加工、深加工工业系统,并要有庞大的连锁快餐系统作为销售渠道。

(三)企业联合,促进优质黄羽肉鸡产业化发展

发达国家的肉鸡产业化生产程度高,从20世纪六七十年代就开始了以联营合同制为主要形式的产业化生产。优质黄羽肉鸡生产也应走产业化的道路,公司加农户,以达到资源的合理利用,共同发展,抵御市场风险。

(四)探索新销售方式和产品深加工

传统的优质黄羽肉鸡销售方式,以活鸡市场为主,不利于卫生防疫和消费的方便性,生产企业也不容易创建品牌。随着正确引导和禽流感对生产和消费的影响,消费者的消费习惯也将逐步变化,冰鲜鸡、分割鸡等将成为优质肉鸡市场的主要构成部分,并以超市、专卖店等多种形式进行销售。另外,优质黄羽肉鸡产品的深加工,如盐焗鸡、白切鸡、多味凤爪等成品或半成品的研制,将进一步增加优质黄羽肉鸡消费的方便性和风味,扩大消费量。

(五)加强品牌效应,提高产品档次

品牌是新产品质量意识的发展和升华,是市场竞争意识的具体体现,是一种无形资产,是一种经济战略,只有创农业名牌,搞好品牌策划和售后优质服务,才能不断增强产品在国内外市场的竞争力,才能加快优质黄羽肉鸡产业的进程。如广东省湛江市广海鸡养殖公司创立了"广海鸡"品牌,通过良种培育、科学独特的饲养手段、独创的肉鸡加工工艺,创造了显著的经济效益和社会效益。

优质黄羽肉鸡养殖作为我国现代肉鸡业中独具特色的一个新兴产业,发展前景十分广阔。但目前优质黄羽肉鸡业已进入微利时期,经营者要冷静观察并分析市场,依靠科技的力量,将高科技成果转化为生产力,提高科技含量,降低产品成本,提高产品质量,向优质高效环保绿色食品放心鸡的方向发展。

第二章 优质黄羽肉鸡品种选择

一、地方品种

我国幅员辽阔,地形多样。几千年来经劳动人民长期选择和培育,形成了许多各具特色的优良鸡种。据全国品种资源调查确定,我国鸡的地方品种有 64 个,其中绝大多数为兼用型与肉用型。许多优良地方品种具有国外家禽品种所不及的优良性状,世界上不少著名的鸡种都有我国鸡的血缘,这些优良性状是育种的宝贵素材,对当今养禽业的发展起了主导作用。本文就我国主要优良地方鸡种作一个简要介绍。

(一)北京油鸡

1. 产地与分布 北京油鸡以外形独特、肉味鲜美而著称,是一个难得的优良地方鸡种。原产地在北京市安定门和德胜门外的近郊一带,以朝阳区的大屯和洼里两个乡最为集中。该鸡在清朝即已出现,曾作为宫廷御膳用鸡,距今已有近 300 年的历史。爱新觉罗·溥杰(清朝末代皇帝溥仪之弟)曾为之题词"中华宫廷黄鸡"。

20 世纪 70 年代中期以来,北京市农林科学院畜牧兽医研究所等单位相继从民间搜集油鸡的种鸡,进行了繁殖、提纯、生产性能测定、选育和推广等工作,从而使这一品种得以保存。北京油鸡被农业部列为国家级畜禽品种资源重点保护品种,被北京市政府认定为北京市优质特色农产品。北京市农林科学院畜牧兽医研究所常年向社会提供北京油鸡父母代、商品代种蛋、种雏。

2. 体型外貌　北京油鸡体躯中等。在外貌上不仅具备羽黄、喙黄、胫黄的"三黄"特征，而且还具备罕见的毛冠、毛腿、毛髯的"三毛"（凤头、毛腿和胡子嘴）特征。因此，人们常将"三黄"、"三毛"性状看作是北京油鸡的主要外貌特征。有些油鸡个体的胫羽和趾羽为丝羽，而有些个体则为较长的片羽，好似在腿部和趾部又长出了两个小翅膀，有人形象地比喻为"六翅"。冠型为单冠，由于长有冠羽，致使冠叶较小，母鸡在前段通常形成一个小的"S"状褶曲。公鸡冠叶较大，往往偏向一侧。凡具有髯羽的个体，其肉垂很少或全无。成年鸡羽毛厚密而蓬松，公鸡的羽毛色泽鲜艳光亮，头部高昂，尾羽高翘，多呈黑色。母鸡的头、尾微翘，胫部略短，体态墩实。其尾羽与主、副翼羽中常夹有黑色或以羽轴为中界的半黑半黄的羽片。大多数个体还具备少有的五趾特征。据北京市农林科学院畜牧兽医研究所2002年测定，成年公鸡平均体斜长21.9厘米，母鸡体斜长18.9厘米。成年公鸡平均胫长10.6厘米，母鸡胫长8.5厘米。成年公鸡平均体重2 590克，成年母鸡平均体重2 030克。

3. 生长与产肉性能　据北京市农林科学院畜牧兽医研究所2002年测定，北京油鸡雏鸡平均出生重37克，4周龄平均重为327克，8周龄平均重为708克。90日龄公鸡平均体重1 560克，母鸡1 210克，平均料肉比3.5∶1。北京油鸡肉质细腻，肉味浓郁，适合清炖、清蒸、白切等多种传统烹调方法。

4. 产蛋与繁殖性能　5%开产日龄150～160天，体重约为1.6千克。产蛋高峰期种蛋受精率93%～94%，受精蛋孵化率91%。经选育,北京油鸡的年产蛋量已由原来的120～130枚提高到140～150枚,蛋重50～54克。蛋壳颜色大多为淡褐色。有就巢性。公鸡3月龄打鸣,6个月后精液品质正常。

北京油鸡外貌独特,肉质优良,蛋质佳,肌间脂肪分布好,肉味鲜美,生活力强,遗传性稳定,可作为改善肉质、提高蛋品质量的良好素材,开发前景良好。

(二)固始鸡

1. 产地与分布 固始鸡属蛋肉兼用型鸡种。原产于河南省固始县,主要分布于沿淮河流域以南,大别山脉北麓的商城、新县、淮滨等10个县(市),安徽省霍丘、金寨等县亦有分布。目前固始鸡饲养量有1 000余万只,已开展全面系统保种选育。固始县"三高集团"利用固始鸡进行产业化生产已取得了良好效果。

2. 体型外貌 固始鸡个体中等,外观清秀灵活,体型细致紧凑,结构匀称,羽毛丰满。全身羽色分浅黄、少数黑羽和白羽。固始鸡冠型分为单冠与豆冠两种,以单冠者居多,冠直立,冠后缘冠叶分叉。喙短略弯曲,青黄色。胫呈靛青色,四趾,无胫羽。尾羽型分为佛手状尾和直尾两种。成年公鸡平均体重2.47千克,母鸡1.78千克。

3. 生长与产肉性能 固始鸡早期增重速度较慢,60日龄体重公母鸡平均为265.7克;90日龄体重公鸡平均为487.8克,母鸡为355.1克;150日龄体重公鸡平均为845.9克,母鸡为651.6克;180日龄体重公鸡平均为1 270克,母鸡966.7克。150日龄半净膛屠宰率公鸡为81.8%,母鸡为80.2%;全净膛屠宰率公鸡为73.9%,母鸡为70.7%。

4. 产蛋与繁殖性能 平均开产日龄 170 天,年平均产蛋量为 150.5 枚,平均蛋重 50.5 克,蛋壳质量良好。母鸡就巢性能强。繁殖种群公母配比 1∶12～13,平均种蛋受精率 90.4%,受精蛋孵化率 83.9%。

(三)仙居鸡

1. 产地与分布 仙居鸡又称梅林鸡,原为浙江省优良的小型蛋用地方鸡种,自 20 世纪 90 年代中期以来,向肉蛋兼用及肉用方向进行选育。主要产区在浙江省仙居县及邻近的临海、天台、黄岩等县,分布于浙江省东南部。生产的雏鸡除供浙江省外,还销至广东、江苏、上海等 10 多个省、市、自治区,是目前江、浙、沪一带饲养较为普遍的优质土鸡品种。仙居鸡原种场、仙居县家禽研究所、浙江大学种禽场可常年对外提供种源。

2. 体型外貌 仙居鸡体型较小,骨骼致密,肉质好,肉味鲜美可口,早熟、产蛋多,耗料少,觅食力强,就巢性弱。体型结构紧凑,体态匀称,有黄、花、黑、白 4 种毛色,黄羽鸡占多数,其次为花羽鸡,黑羽鸡、白羽鸡较少,目前育种主要集中在黄羽鸡种的选育上。羽毛紧密贴身,尾羽高翘,背部平直。成年公鸡鸡冠直立,以黄羽为主,主翼羽红夹黑色,镰羽和尾羽均黑。成年母鸡冠矮,羽颜色较杂,以黄羽居多,尚有少数白、黑羽。公鸡成年体重为 1.25～1.5 千克,母鸡为 1～1.25 千克。

3. 生长与产肉性能 仙居鸡体型小,早期增重慢,180 日龄时,半净膛屠宰率公鸡为 85.3%,母鸡为 85.7%;全净膛屠宰率公鸡为 75.2%,母鸡为 75.7%。经选育后的仙居鸡,目前在放牧饲养条件下,公鸡 90 日龄体重可达 1.5 千克,母鸡120日龄可达1.3千克,平均料肉比为3.2:1,饲养成活率在98%以上,商品鸡合格率在96%以上。

4. 产蛋与繁殖性能 一般150~180日龄开产,年产蛋量180~200枚,最高可达270~300枚,蛋重平均为42克,蛋壳褐色。繁殖力强,在公母配比1:12~15的情况下,受精率为93.5%,入孵蛋孵化率为83.2%。

(四)清远麻鸡

1. 产地与分布 清远麻鸡原产于广东省清远县。因母鸡背侧羽毛有细小黑色斑点,故称麻鸡。它以体型小、皮下和肌间脂肪发达、皮薄骨软而著名,素为我国活鸡出口的小型肉用名产鸡之一。

该鸡在清远县年饲养量都在600万只以上。目前清远麻鸡已分布到原产地邻近的花县、四会、佛岗等县及珠江三角洲的部分地区,上海市也曾引种饲养。清远县畜牧水产局组织有关人员进行保种选育,华南农业大学又进一步开展了系统选育,并在广东省增城县进行了大规模推广,开始杂交利用,进行产业化生产。

2. 体型外貌 该品种典型特征是"一楔、二细、三麻",即母鸡体型似楔形,头细、脚细,背部羽毛有麻黄、麻棕、麻褐3种颜色。肉用体型。单冠直立,脚黄,羽色麻黄占34.5%,麻棕占43.0%,麻褐占11.2%。成年公、母鸡平均体重分别为2180克和1750克。

3. 生长与产肉性能 120日龄公鸡体重1250克,母鸡体重1000克。在良好的饲养条件下,84日龄公、母鸡平均体重为915克。清远麻鸡肥育性能良好,屠宰率高。6月龄开产前的仔母鸡体重在1.3千克以上,经15天肥育增重250

克。据测定,未经肥育的仔母鸡半净膛屠宰率平均为85%,全净膛屠宰率平均为75.5%;阉公鸡半净膛屠宰率为83.7%,全净膛屠宰率为76.7%。

4. 产蛋与繁殖性能 母鸡5~7月龄开产,年产蛋70~80枚,蛋重46.6克,蛋壳浅褐色。公母配比1:13~15,种蛋受精率在90%以上,受精蛋孵化率83.6%,母鸡就巢性很强。

(五)河田鸡

1. 产地与分布 河田鸡是福建省西南地区优良的肉用型地方品种,以肉质细嫩、肉味鲜美而驰名,是我国出口的主要鸡种之一。主要分布在长汀、上杭两县,其中以长汀县河田镇为中心产区。目前饲养量约200万只。

2. 体型外貌 河田鸡体型宽深,近似方形。具有黄羽、黄喙、黄脚"三黄"特征。公鸡羽色较杂,头、颈羽棕黄色,背、胸、腹羽淡黄色,尾羽黑色,单冠,冠叶两侧有一小棒状突起。母鸡体羽黄色,翼羽和尾羽黑色,冠叶两侧也有小棒状突起。成年公鸡平均体重2.0千克左右,母鸡1.5千克左右。

3. 生长与产肉性能 90日龄公鸡体重588.6克,母鸡488.4克;120日龄公、母鸡体重分别为941.7克和788.4克;150日龄公、母鸡体重分别为1294.8克和1093.7克。屠体丰满,皮薄骨细,肉质细嫩,肉味鲜美,皮下、腹部积贮脂肪,但生长缓慢,屠宰率低。据测定,120日龄时屠宰,半净膛屠宰率公鸡为85.8%,母鸡为87.1%;全净膛屠宰率公鸡为68.6%,母鸡为70.5%。

4. 产蛋与繁殖性能 母鸡开产日龄180天左右,年产蛋量100枚左右,平均蛋重42.9克,蛋壳褐色。公母配比1:12~15,种蛋受精率90%左右,入孵蛋孵化率67.8%,母鸡就巢性强。

(六) 大 骨 鸡

1. 产地与分布 大骨鸡又名庄河鸡。因该鸡体躯硕大,腿高粗壮,结实有力,故名大骨鸡,是我国较为理想的兼用型鸡种。主产于辽宁省庄河市,是寿光鸡与当地鸡杂交长期选育而成。目前饲养量达 700 万只以上。

2. 体型外貌 大骨鸡体型魁伟,胸深且广,背宽而长,腿高粗壮,腹部丰满,墩实有力,觅食力强,属兼用型鸡种。公鸡羽毛棕红色,尾羽黑色并带金属光泽。母鸡多呈麻黄色。头颈粗壮,眼大明亮,单冠。冠、耳叶、肉垂均呈红色。喙、胫、趾均呈黄色。成年体重公鸡约为 2.9 千克,母鸡约为 2.3 千克。

3. 生长与产肉性能 大骨鸡 90 日龄平均体重公、母分别为 1 039.5 克和 881 克;120 日龄体重分别为 1 478 克和 1 202 克;150 日龄体重分别为 1 771 克和 1 415 克。其产肉性能较好,全净膛屠宰率为 70%～75%。

4. 产蛋与繁殖性能 蛋大是大骨鸡的突出优点,蛋重为 62～64 克,年平均产蛋量为 160 枚左右。在较好的饲养条件下,可达 180 枚以上。蛋壳深褐色,壳厚而坚实,破损率低。公母配比一般为 1∶8～10,母鸡开产日龄平均为 213 天。种蛋受精率约为 90%,受精蛋孵化率为 80%。

(七) 鹿 苑 鸡

1. 产地与分布 鹿苑鸡产于江苏省张家港市鹿苑镇一带。以鹿苑、塘桥、妙桥和乘航等乡为中心产区,属肉用型品种。当地是鱼米之乡,主产区饲养量达 15 万余只。鹿苑鸡早在清代已作为"贡品"供皇室享用,并作为常熟四大特产之一。常熟等地制作的"叫化鸡"以它做原料,保持了香酥、鲜嫩等特点。

2. 体型外貌 鹿苑鸡体型高大,身躯结实,胸部较深,背部平直。全身羽毛黄色,紧贴身体。主翼羽、尾羽和颈羽有黑色斑纹。公鸡羽毛色彩较浓,梳羽、蓑羽和小镰羽呈金黄色,大镰羽呈黑色并富光泽。胫、趾为黄色。成年体重公鸡3.1千克,母鸡为2.4千克。

3. 生长与产肉性能 1980年观测90日龄公、母鸡活重分别为1 475.2克和1 201.7克。半净膛屠宰率3月龄公、母鸡分别为84.9%和82.6%。1990年上海市农业科学院畜牧兽医研究所经选育后,70日龄鹿苑1系和2系公、母鸡平均活重分别为1 203.6克和1 213.4克。屠体美观,皮肤黄色,皮下脂肪丰富,肉味浓郁。

4. 产蛋与繁殖性能 母鸡开产日龄180天,开产体重2 000克,年产蛋平均144.7(842～223)枚,蛋重54.2克左右。公母配比为1∶15,种蛋受精率94.2%,受精蛋孵化率87.2%,经选育后受精率略有下降。30日龄育雏成活率97%以上。

(八)霞烟鸡

1. 产地与分布 霞烟鸡原产广西壮族自治区容县,是国内著名的地方良种鸡。当地为土山丘陵地,物产丰富,群众喜爱硕大黄鸡,年饲养量在20万只以上。粤、沪、京等省、直辖市曾引入饲养。

2. 体型外貌 霞烟鸡体躯短圆,胸宽深,外形呈方形,属肉用体型。羽色浅黄,单冠,颈部粗短,羽毛紧凑。常分离出

10%左右的裸颈、裸体鸡。成年体重公鸡平均2 178克,母鸡1 915克。

3. 生长与产肉性能 90日龄活重公鸡为922克,母鸡为776克;150日龄公、母鸡活重分别为1 595.6克和1 293克。半净膛屠宰率公母鸡分别为82.4%和87.9%,屠体美观,肉质嫩滑,很受消费者欢迎。

4. 产蛋与繁殖性能 母鸡开产日龄170～180天。农家饲养,一般年产蛋80枚,经过选育的鸡群,年产蛋为110个左右。平均蛋重43.6克。种公、母鸡配比为1:8～10,种蛋受精率78.5%,受精蛋孵化率80.5%。母鸡就巢性能强,据观察,母鸡就巢可达8～10次之多。

(九)萧山鸡

1. 产地与分布 萧山鸡又称越鸡,主要产地为浙江省萧山市,分布于浙江省杭州、绍兴、上虞、余姚、慈溪等杭甬铁路沿线。近年来,萧山鸡的育种工作由萧山市食品公司、杭州市农科所、浙江省农科院3个单位承担,并对萧山鸡进行开发工作。

2. 外貌特征 萧山鸡公鸡的羽色有红色、黄色、淡黄色,母鸡基本上为黄色。单冠,肉垂红色,眼球蓝褐色,虹彩橙黄色,深浅不一。

3. 生产性能

(1)产蛋性能 据萧山鸡原产地的调查,由于饲养管理条件不同,萧山鸡产蛋性能差异较大,农村饲养的水平,开产日龄170天左右,开产体重约1.8千克。一般年产蛋110～130枚,蛋重56克左右。

(2)产肉性能 萧山鸡成年体重公鸡为2 750克、母鸡为

1950克；150日龄体重公鸡为1785.8克,母鸡为1206克。半净膛屠宰率公鸡为84.7%、母鸡为85.6%；全净膛屠宰率公鸡为76.5%、母鸡为66.0%。

(3)发展前景　萧山鸡具有三黄的特征,但早期生长速度不快,胸肌不发达,在选育上必须提高该品种的生长速度,在选育的基础上再与外来鸡种进行杂交,并进行配合力测定,可明显提高生长速度。

(十)惠阳胡须鸡

1. 产地与分布　惠阳胡须鸡又名三黄胡须鸡、龙岗鸡、龙门鸡、惠州鸡。原产于广东省的惠州市和河源市,其中惠州市的惠阳市、博罗市、龙门县、惠东县与河源市的紫金县为主要产区。广东省农科院承担了该品种的保种和利用工作。

2. 外貌特征　惠阳胡须鸡属中型肉用鸡品种。胸深而背短,后躯丰满,体型呈方形。头稍大,喙黄色,单冠直立、鲜红,无肉垂或仅有小肉垂,颌下有发达而张开的羽毛,形状似胡须。"胡须"有乳白、淡黄、棕黄三色。全身羽毛有深黄和浅黄之分。公鸡颈羽、鞍羽、小镰羽为金黄色,主尾羽的颜色分棕、黄、黑三色,以黑色居多。

3. 生产性能

(1)产蛋性能　惠阳胡须鸡开产日龄为180日龄左右。在农家以稻谷为主、自由散养、以母鸡自然孵化与育雏的饲养方式下,年产蛋量为45～55枚。在改善饲养管理条件下,年产蛋量约为110个,平均蛋重为46克。

(2)产肉性能　惠阳胡须鸡成年公鸡体重2～2.5千克、母鸡1.5～2千克；12周龄体重公鸡为1140克、母鸡为845克；150日龄体重公鸡为1410克,母鸡为1015克。半净膛屠宰率为87.5％；全净膛屠宰率为78.7％。

4. 发展前景 惠阳胡须鸡是广东省的优良肉用型地方鸡种，以其特有的优良肉质和三色胡须的外貌特征而驰名中外，在育种、生产、外贸活鸡市场上都有较高的经济价值，但也存在产蛋少、生长慢、长羽迟等缺点。近年来广东省惠阳市种鸡场进行了惠阳胡须鸡的选育和杂交利用试验。在保持惠阳胡须鸡的外貌特征和提高繁殖力方面，都取得一定的效果。

二、培育品种

我国培育的品种或配套系，有一些是以国内的鸡种为素材，通过选择、组配而形成的；有一些则是用引进品种与亲本，与国内的优良鸡种杂交配套而育成的；还有的是在引进国外鸡种的基础上，通过多年的选育而成。这些品种或配套系各具特色，推动了我国优质黄羽肉鸡的快速发展。

（一）岭南黄鸡

岭南黄鸡是广东省农科院畜牧研究所家禽研究室利用现代遗传育种技术选育成功的优质、节粮、高效黄羽肉鸡新品种。主要包括优质黄羽矮小型肉鸡品系4个，优质黄羽正常型肉鸡品系5个，均不含有隐性白羽血缘。为了达到节粮高效的目的，岭南黄鸡生产配套的基本模式是父本生长快，母本产蛋性能优异。

岭南黄鸡第一个明显特点是生产配套种类多样化，适合我国黄鸡市场要求多元化的发展趋势；第二个显著特点是生产性能优异，饲养成本低。如伴性快慢羽自别雌雄配套系的建立，初生雏雌雄鉴别准确率达到99％以上。在育种过程中将矮小型基因成功导入到优质黄鸡中,给黄鸡育种和黄鸡生产带来巨大影响。矮小型基因在黄羽肉鸡配套系中的成功应用,使肉鸡综合生产效益提高15%~25%。

目前,向市场推出的岭南黄鸡配套系有:Ⅰ号中速型、Ⅱ号快大型、Ⅲ号优质型。其中,岭南黄鸡Ⅱ号快大型经国家家禽生产性能测定站检测,42日龄公、母鸡平均体重为1 302.9克,饲料转化比为1.83∶1,成活率为98.5%。在全国同批参加检测的14个黄羽肉鸡品种中,其生长速度、饲料转化比均列于首位,达到国内先进水平,适合南、北方各地市场。目前饲养规模达6 000万只。

(二)江村黄鸡

江村黄鸡是由广州市江丰实业有限公司为适宜香港特区市场要求而培育的黄鸡配套系。从1985年开始,该公司经过长期的个体选育、家系选育、品系配套试验和近500万只肉鸡的饲养试验,最终育成了江村黄鸡。该鸡种已经过11个世代选育,其外形和生长速度等性状一致性很好,主要经济性能得到了进一步提高。

江村黄鸡头部较小,鸡冠鲜红直立,嘴黄而短。全身羽毛浅黄色,被毛紧贴体躯,色泽鲜艳,体型短而宽,肌肉丰满。肉质鲜嫩,味道鲜美,皮下脂肪特佳,是制作白切鸡的优良鸡种。该鸡种具有香港石岐杂和本地土种鸡的优点,且生长速度快,饲料报酬高,抗逆性好,既适合大规模集约化笼养或平养,也适合个体户小群放养。目前饲养规模达3 000万只。江村黄鸡种鸡繁殖率高,商品肉鸡整齐度好,群体变异系数小于10%,白羽率小于0.1%。该鸡于2000年通过国家家禽品种审定委员会审定。

江村黄鸡父母代母鸡22周龄开产,25周龄时产蛋率达50%,高峰期在27～29周龄,产蛋率达75%～80%,66周龄平均产种蛋150枚。种蛋平均受精率92%,入孵蛋出雏率85%,66周龄入舍母鸡平均提供雏鸡127只。

肉用公鸡63日龄体重达到1.5千克,饲料转化比为2.3∶1;肉用母鸡100日龄体重1.7～1.9千克,饲料转化比为2.9～3∶1。

(三)康达尔黄鸡

康达尔黄鸡是由深圳中科创业(集团)股份公司家禽育种中心培育成的优质黄鸡配套系。利用A、B、D、R、S 5个基础品系,组成康达尔黄鸡128和康达尔黄鸡132两个配套系。

1. 用于配套的品系特点

A系　地方品种选育而成,用于生产第二父本(配套公鸡)。特点为生长速度较快,三黄特征明显,均匀度较好。

B系　地方品种选育而成,用于第一父本(祖代父本)。特点为生长速度中等,产蛋性能好,入舍母鸡平均产蛋率在55%以上,三黄特征明显,性成熟早等。

D系　地方品种选育而成,主要用于生产第二父本。特点为生长速度快,产蛋性能好,三黄特征明显,均匀度好。

R系　地方品种与引进矮脚品种杂交选育而成,经5世代的选育,后代含有90%以上地方品种血缘,具有明显的三黄特征。特点为携带的矮小型dw基因纯合后,可使鸡的体型缩小为正常黄鸡的2/3,生产成本也较正常型鸡节省25%～30%。

S系　引进品种,主要用于祖代母本。其脚黄、胫黄,毛色为隐性白羽,与含纯合有色羽的鸡杂交,后代全为有色羽。

特点为产蛋性能好,生长速度快,均匀度好,疾病净化程度高。

2. 康达尔黄鸡 128 康达尔黄鸡 128 属于快大型黄鸡配套品系,由于父母代母本使用了黄鸡与隐性白鸡的杂交后代,使产蛋率、均匀度、生长速度和蛋形等都有了较大的改善。同时,利用品系配套技术,使各品系的优点在杂交后代得到了充分的体现。

(1)父母代种鸡的生产性能 20 周龄体重 1.66～1.77 千克,24 周龄体重 2～2.1 千克,64 周龄体重 2.5～2.55 千克,5% 产蛋周龄 25 周,产蛋高峰周龄 30～31 周,68 周产蛋数 164 个,饲养日产蛋数 170 个。种蛋平均合格率为 95%,平均受精率为 92%,平均孵化率为 84.2%,健雏数 127 只,育成期死亡率为 5%,产蛋期死亡率为 8%,饲料消耗 49 千克。

(2)商品代肉鸡的主要生产性能 肉鸡出栏日龄为 70～95 日龄,平均活重 1.5～1.8 千克,饲料转化比(料肉比)为 2.5～3∶1,白羽率为 2.5%～3.2%。

3. 康达尔黄鸡 132 康达尔黄鸡 132 是利用矮脚基因,根据不同的市场需求生产的系列配套品系。用矮脚鸡做母本来生产快大型鸡,可使父母代种鸡较正常型节省 25%～30% 的生产成本。用其生产仿土鸡,可极大地提高种鸡的繁殖性能,降低生产成本。

(1)快大型黄鸡 利用矮脚鸡 D 系做父本,隐性白母鸡做母本,生产矮脚型的父母代母本,再以快大型黄鸡品系或品系之间的杂交后代做父本,生产快大型的黄鸡品种,使商品代的生长速度达到市场上的主要快大型黄鸡品种的性能。

康达尔黄鸡 132 快大型系肉鸡出栏日龄为 70～95 日龄,平均活重 1.5～1.8 千克,饲料转化比为 2.5～3.2∶1,白羽率为 2.5～3.2%。

(2)仿土鸡 利用地方优质鸡(土鸡)做父本,矮脚母鸡做母本,杂交生产而成。其特点是其后代在外观和肉质上具有地方鸡种的特色,而种母鸡的生产性能较地方鸡有较大的提高。这种配套的商品代肉鸡肉质鲜美,胸肌发达,并且比一些地方品种(土鸡)的生长速度快。

康达尔黄鸡 132 仿土鸡系父母代种鸡,20 周龄体重 1.45~1.55 千克,24 周龄体重 1.70~1.80 千克,64 周龄体重 2.15~2.25 千克,5%产蛋周龄 24 周,产蛋高峰周龄 29~30 周,68 周产蛋数 164 个,饲养日产蛋数 170 枚,种蛋平均合格率为 95%,平均受精率为 92%,平均孵化率为 81.2%,提供健雏数 127 只。育成期死亡率为 5%,产蛋期死亡率为 8%,饲料消耗 39 千克。

(四)苏禽黄鸡

苏禽黄鸡是江苏省家禽科学研究所培育而成的优质黄鸡品种。为满足不同区域、不同消费对象对黄羽肉鸡的消费需求,培育了苏禽黄鸡快大型、优质型、青脚型 3 个配套系,并于 2000 年 12 月通过江苏省畜禽品种审定委员会的审定。

1. 快大型 快大型集黄鸡特点于一体,羽毛黄色,颈、翅、尾间有黑羽,羽毛生长速度快。父母代产蛋较多,入舍母鸡 68 周龄所产种蛋可孵出雏鸡 142 只。商品代 60 日龄体重,公鸡 1.7 千克,母鸡 1.4 千克,饲料转化比为 2.5∶1。四系配套中各系性能特点是:A 系,做父系父本,由引进国外快大型黄鸡品系选育而成,遗传特点为生长快速和黄色羽毛;B 系,做父系母本,由江苏省家禽科学研究所土种鸡与快大型鸡合成选育而成,其优秀的生活力和羽毛黄色等优越性能在配套系中起着极其重要的作用;C 系,做母系父本,来源于石岐杂鸡,经多年的严格选择,其产蛋率和羽色较好;D系,做母系母本,主要特点是高产蛋率、高生活力和较好的配合力,66周龄产蛋186枚,可提供健雏鸡143只。

2. 优质型 该型的特点是商品鸡生长速度快,羽毛麻色,似土种鸡,肉质优,适合于要求40多天上市、体重在1千克左右的饲养户生产。麻羽鸡3系配套,由地方鸡种的麻鸡引进外血后做第一父本,具备了生长快、产蛋率高、肉质鲜嫩等特点;第二父本为国外引进的快大型品系黄鸡。因而,配套鸡系的各项性能表现均处于国内先进水平。

3. 青脚型 以我国地方鸡种为主要血缘,分别选育、配套而成。其羽毛麻黄或黄色,脚青色,生长速度中等,肉质风味特优,是典型的仿土种鸡品系。生产的仔鸡70日龄左右上市,鸡肉可用于烧、炒、清蒸、白切等,在河南、安徽、四川、江西等省有较大市场。

(五)墟岗黄鸡

由佛山市墟岗黄鸡畜牧有限公司与华南农业大学动物科技学院经多年技术合作,运用现代数量遗传学的育种实用技术,经过9年8个世代系统地选育,建立起以301品系为核心的墟岗黄鸡逐级繁育体系,为广东优质黄羽肉鸡的生产和发展做出了积极贡献。以301品系为核心配套生产的墟岗黄鸡306商品肉鸡,以三黄、生长快、体型毛色一致、脚细小、抗逆性强、饲料报酬高、早熟、冠鲜红及鸡肉香味浓郁为特点。

(六)皖南黄鸡

皖南黄鸡系华大集团家禽育种有限公司培育的系列黄鸡,主要配套系有皖南黄(麻)、皖南黄(乌骨)等。其主要特点是：成活率高，商品代生长速度快，具有类似于土种鸡的羽色和体型。

皖南黄鸡配套系的组成以隐性白羽为第一母本，分别与石岐杂、黄(麻)乌骨鸡等组成各配套系。其父母代68周龄产蛋170~178个，可提供健雏142~145只。商品代42日龄体重，公鸡为1~1.2千克，母鸡为0.8~1.05千克。饲料转化比为1.9~2.3：1。

(七)新兴黄鸡

广东温氏南方家禽育种有限公司汇集国内外丰富遗传资源，运用现代数量遗传育种理论和技术，成功培育出抗逆性强、优质高产的新兴黄鸡2号。该品系毛色体型一致，生长速度快，均匀度高，饲料报酬高，三黄特征显著，肉质好，香味浓郁，适合不同地区、不同层次的消费要求。

三、品种选择注意事项

我国幅员辽阔，鸡种资源十分丰富，各地的气候条件、消费习惯差异也较大。因此，选择合适的优质黄羽肉鸡品种进行饲养是十分重要的。一般来说，引种时要注意以下几点。

第一，确定适宜的品种类型。优质黄羽肉鸡分为快、中、慢3种类型。快速型的黄鸡生长速度快，肉质较差，但生产成本低，属于大众产品，销量大，但价格较低；慢速型的黄鸡生长速度慢，肉质更好，产品档次高，生产成本高，销量小，需要以较高价格出售才能盈利。一般来说，快速型的黄羽肉鸡在全国各地都有较大的市场分额，而高档的慢速型黄羽肉鸡在城市近郊以及经济发达地区销量较大，在经济欠发达地区销量较小。

第二,注意当地的消费习惯。各地区消费者对鸡的毛色、体型、性别的喜好差别较大,引种饲养时要充分考虑。例如,南方地区普遍喜欢黄羽,而西南地区则喜欢麻羽。广东、广西地区喜食母鸡,而四川、辽宁、天津地区的消费者则喜食公鸡。南方地区要求鸡的体型紧凑、骨细腿矮,而北方地区则要求不很严格。

第三,注意引进品种对当地气候条件的适应性。引种时要充分了解拟引入品种的特点和饲养要求,以及对当地气候条件的适应性。

第四,注意引种渠道。引种时一定要从规模大、信誉度好的种鸡场引种,查看对方是否具备政府主管部门颁发的《种畜禽生产经营许可证》,不要从规模小、不正规的养殖场引种。所引进的种鸡要求健康状况良好,符合本品种特征要求,无白血病、白痢等蛋传疾病。农户最好是就近引种。在引种时,应向供种场家索要计划免疫程序和饲养管理要求等相关资料。

第三章 优质黄羽肉鸡人工孵化

鸡的胚胎发育是受精卵离开母体以后,依赖蛋中的营养物质,在适宜的条件下完成的,这个变化发育的过程叫做孵化。孵化是种鸡进行繁殖的一种特殊方法,分天然孵化和人工孵化两大类。利用有就巢性的母鸡孵化种蛋,叫天然孵化。根据母鸡抱孵的原理,人工模仿并满足天然孵化的各种条件,并以此孵化种蛋,即是人工孵化。天然孵化的鸡数量少,不能适应养鸡业大规模发展的需要。因此,人工孵化,特别是机械化和自动化的大型孵化机,在养鸡业中已得到大量使用,使孵化变为工厂化生产,从而有力地推动了养鸡生产。

孵化是优质黄羽肉鸡生产中的一个重要环节。孵化成绩的好坏,不仅影响鸡的数量增长,而且直接影响雏鸡的质量以及今后生产性能的发挥。为了获得理想的孵化率和健雏率,首先必须选好鸡的品种和加强种鸡的饲养管理与繁育工作,提供优质种蛋;其次,要做好种蛋的保存、消毒、运输工作。再次,要有良好的孵化条件和掌握孵化技术,这样才能达到预期的效果。

一、蛋的构造与形成

(一)蛋的构造

蛋分为蛋黄、蛋白和蛋壳三大部分(图3-1)。

1. 蛋黄 由胚珠或胚盘和卵黄团构成。胚珠是没有分

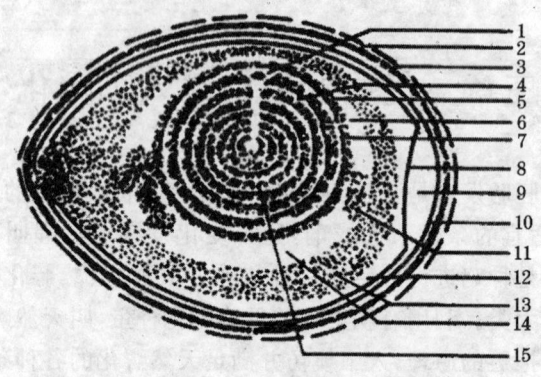

图 3-1 蛋的构造

1.胚珠或胚盘 2.胶护膜 3.蛋壳 4.深色蛋黄 5.蛋黄膜 6.浅色蛋黄
7.系带层浓蛋白 8.内壳膜 9.气室 10.外壳膜 11.系带
12.外稀蛋白 13.浓蛋白 14.内稀蛋白 15.蛋黄心

裂的次级卵母细胞,受精后次级卵母细胞经过分裂形成胚盘,在适宜的环境下胚盘进一步发育为胚胎。卵黄团则是胚胎发育的营养物质。蛋黄外面为蛋黄膜。

2. 蛋白 约占蛋重的 2/3。蛋白分为系带与内浓蛋白、内稀蛋白、外浓蛋白和外稀蛋白 4 层。在胚胎发育过程中,由于蛋白是水样物质,覆盖整个胚胎,故可以防止胚胎干燥,而系带又起到了固定胚胎,并使胚胎免受震动的作用。此外,蛋白又是胚胎发育的营养物质。

3. 蛋壳 蛋壳矿物质部分几乎全为碳酸钙,仅有少量镁,可为胚胎提供钙质。蛋壳上有气孔与内外相通,在胚胎发育中可供胚胎进行气体交换。蛋壳外面有一层胶质状护壳膜,可以防止蛋内水分蒸发,但鸡蛋存放时间延长,胶护膜会逐渐脱掉。蛋壳膜分内外两层,两层之间多在蛋的大头分开形成气室。蛋壳膜是矿物质沉积的表面,可以阻止细菌进入蛋内。

(二)蛋的形成

鸡蛋是在母鸡生殖道内形成的。母鸡性成熟后,卵巢迅速发育,上面含有发育程度不同的卵泡,即初级卵泡、生长卵泡和成熟卵泡三种。成熟的卵泡破裂并同时排出卵子,卵子立即被输卵管喇叭部所接纳,并在此与进入输卵管的精子结合发生受精作用。受精的卵子叫受精卵,受精卵附着于卵黄上通过输卵管。卵黄通过喇叭部时间很短,约15分钟。输卵管的蠕动,使卵黄旋转进入膨大部,在此停留约3小时。由于机械地旋进,膨大部最初分泌的浓蛋白纽成系带并形成内稀蛋白、外浓蛋白和外稀蛋白。然后膨大部的蠕动作用又使卵黄进入峡部,在此形成内外壳膜,并加入水分。卵黄在此停留约90分钟后,进入子宫,子宫分泌的子宫液通过蛋壳膜渗入蛋白中,使蛋壳膜鼓起而形成蛋形。随后在蛋壳膜上沉积蛋壳和色素,又在蛋壳外面形成一层胶护膜。蛋在子宫部停留时间最长,约18~20小时。最后进入阴道,停留约10分钟后,在神经和激素共同作用下,将蛋产出。全程为23~25小时。

二、种蛋的选择与贮存

(一)种蛋的选择

1. 种蛋的来源 种蛋的选择,首先应考虑其来源问题,因为种蛋品质的好坏首先是由遗传和饲养管理决定的。种鸡群生产性能良好,遗传性能稳定是保证种蛋品质良好及下一代雏鸡、成鸡生产性能良好的基础。因此,选择种蛋时,要求种蛋必须来源于生产性能稳定、高产、繁殖性能强且无经蛋传播疾病的种鸡群,并且该种鸡群有良好的饲养管理条件,公、母比例适当,这样才能保证其有较高的受精率和孵化率。

2. 种蛋的选择方法

(1)外观选择

①种蛋的清洁度 作为入孵的种蛋,蛋壳上不应有粪便、破蛋液等污染物。使用不清洁的种蛋入孵,会增加臭蛋,并且污染正常蛋及孵化器,增加死胚蛋,孵化率下降,雏鸡质量降低。为此,保证种蛋的清洁度是十分重要的。

②蛋重 不同品种鸡的蛋重是有差别的,比如大骨鸡的蛋重为62~64克,北京油鸡的蛋重为54克。因此,蛋重的大小要因品种而异。蛋重过大或过小对孵化及雏鸡体重是有影响的。蛋重过大,虽雏鸡出壳体重大,但孵化率下降;蛋重过小,雏鸡体重偏小(一般初生雏鸡体重为蛋重的62%~65%),成活率低;蛋重悬殊太大,出雏不整齐。一般来说,中等大小的蛋的孵化率比过大或过小的蛋要高。有试验证明,蛋重与孵化时间呈正相关,与雏鸡初生重有密切关系。因此,入孵前按蛋重分级孵化及分开饲养可提高孵化率及鸡群均匀性。

③蛋形 正常蛋形为椭圆形,鸡蛋的蛋形指数在1.32~1.4(标准蛋形为1.35)或70%~78%。蛋形指数与孵化率、健雏率有直接关系。过长、过圆、腰豉形、橄榄形(两头尖)的畸形蛋,其孵化率、健雏率明显低于正常蛋,不能用来孵化。

蛋形指数除影响孵化率和健雏率外,还可以影响孵化时间和雏鸡出壳重。蛋形指数偏低,出雏较早,出壳相对重显著增大;蛋形指数偏高,出雏较迟,出壳相对重显著减少。

在蛋形选择的过程中,一般双黄蛋因过大、过长而被淘汰。如果此时未淘汰,在照蛋透视时也会被淘汰。原因是双黄蛋受精率、孵化率很低,在选择种蛋时必须淘汰。

④蛋壳　蛋壳结构应致密均匀,厚薄适度。胚胎发育所需要的氧气以及所排出的二氧化碳都必须通过蛋壳的扩散作用来完成。蛋壳过薄或气孔非常多的蛋孵化效果不佳,主要是因为蛋中的水分在孵化过程中散失过多。相反,若蛋壳过厚,则胚胎进行气体交换受阻,也影响到孵化率。因此,对于蛋壳过薄的砂皮蛋、蛋壳过厚的钢皮蛋以及蛋壳厚薄不均的皱纹蛋都必须剔除。一般蛋壳厚度要求 0.33~0.35 毫米。

⑤蛋壳颜色　蛋壳颜色是品种特征之一,种蛋应符合本品种的标准颜色。否则,可能是品种混杂或蛋壳质量差所致。

蛋壳颜色的选择主要用于育种场,以便使不同品种具有其特征的蛋壳颜色。对于一般孵化厂,对蛋壳颜色不需苛求。

(2)听音辨蛋　听音辨蛋的目的主要是排除破蛋,以保证正常的孵化率。听音辨蛋的方法是:两手各拿 3 枚蛋,转动五指,使蛋互相轻轻碰撞,以听其声音。碰撞的声音清脆,说明此蛋完整无损,碰撞的声音是破裂或嘶哑声说明此蛋是破蛋。破蛋在孵化过程中,常因蛋内水分蒸发过快和细菌容易侵入而危及胚胎的正常发育,最终导致孵化率下降。

(3)照蛋透视　照蛋透视的目的是检查种蛋是否是陈蛋。陈蛋的受精率、孵化率以及健雏率都会降低,所以检查出的陈蛋要全部淘汰。

用照蛋透视的方法可有效剔除陈蛋,保留新鲜种蛋。其方法是用验蛋灯或者专门照蛋机械在灯光下观察蛋壳、气室、蛋黄、血斑、肉斑等项内容,照蛋透视多在种蛋贮存前进行。

①蛋壳　正常的新鲜种蛋蛋壳颜色符合品种要求,壳色

纯正并附有石灰微粒,形似霜状粉末,没有光泽。陈蛋蛋壳带有光泽,破损蛋可见裂纹,砂皮蛋因钙质沉积不均,可见一点一点的亮点。

②蛋黄　正常的新鲜种蛋,蛋黄颜色是暗红色或暗黄色,蛋黄阴影不清楚,并居蛋的中心位置。由于不新鲜蛋的浓蛋白液化,使得蛋黄靠近蛋壳,照蛋透视时可明显看到蛋黄阴影,稍一晃动此蛋,蛋黄阴影飘忽不定;如果照蛋发现蛋黄呈灰白色,此蛋多为营养不良;蛋黄上浮多为运输过程中因受震动而导致系带折断所致;散黄蛋透视时呈不规则阴影,其原因可能是因为运输不当或细菌侵入、存放时间过长使蛋黄膜破裂所致。

③气室　照蛋透视观察种蛋气室的大小及气室的位置,也是了解种蛋是否新鲜的指标之一。新鲜种蛋气室较小,其高度一般在5毫米以下,随着存放时间的增加及温度的升高,蛋的气室会逐渐增大。

通过照蛋还可以观察气室的位置,正常情况下,蛋的气室应在大头,若照蛋发现气室位置在小头或在中部的蛋,均应淘汰。

④血斑、肉斑　照蛋发现血斑、肉斑,多数情况下是位于蛋黄上,斑点的颜色有白的、黑的、暗红的,这些物质可随转蛋而移动,作为种蛋是不合格的。照蛋透视不合格蛋的孵化率见表3-1。

表3-1　照蛋透视不合格蛋的孵化率(%)

项　目	孵化率	项　目	孵化率
气室破裂	32.4	气室不正	68.1
破　损	53.2	有大块血斑	71.5

(4)剖视抽验　剖视抽验是为了验证外观选择和照蛋透视观察的结果,更准确地掌握种蛋的情况,尤其是内部品质,此法多用于育种或外购的种蛋。其方法是:将种蛋打开倒入衬有黑底色的玻璃板上或平皿中,观察有无肉斑、血斑以及新鲜程度。新鲜蛋,蛋白浓稠,蛋黄高度高,而陈蛋,蛋白稀薄、蛋黄扁平甚至散黄。

上述现象一般只用肉眼就可以观察到,而在育种过程中就必须精确测定蛋白高度和蛋黄高度。将玻璃板校正水平位置,同时将蛋白高度测定仪校正后,将种蛋打开倒在玻璃板上,测定蛋白高度时应离开蛋黄1厘米并躲开系带,测定浓蛋白最宽部分的高度,以两点测定值的平均值为准,数值精确到0.1毫米。蛋黄高度可直接测定,一般鸡蛋蛋黄高度要求在18~20毫米之间。

3. 种蛋选择的场所　种蛋的选择多在孵化厂中进行,也有的是在鸡舍里进行选择的。在鸡舍内选择种蛋好处较多,既可以减少污染的机会,又可以提高工人的劳动效率。一般国外多采用后一种方法,即在鸡舍内集蛋的过程中或者在集蛋工作完成后,将明显不符合孵化条件的蛋剔除,如破损蛋、脏蛋和各种畸形蛋等。鸡舍内选蛋后,若蛋的破损率不高时,入孵前就不再选择了,如果,蛋的破损较多,还应在种蛋送到孵化厂贮存之前再选蛋1次。

(二)种蛋的贮存

1. 种蛋贮存的环境　影响种蛋质量的环境条件主要是温度和湿度。为了保存种蛋,孵化厂应建立一个条件较好的贮存室。种蛋贮存室应有良好的隔热性能,清洁卫生,杜绝蚊蝇和鼠患,防止阳光直晒。如果资金少,孵化规模小,可将种蛋贮存在经改修的旧地窖内。规模较大的孵化场应建专用蛋库,蛋库一般无窗,四壁有隔热层,并安装空调设备,以便使种蛋处在最佳的环境条件下。

(1)**贮存温度** 受精蛋在母鸡输卵管中已经开始了胚胎发育,鸡蛋产出母体外,胚胎发育暂时停止。此后,在一定的环境条件下又开始发育。研究认为,鸡胚发育的临界温度(即胚胎发育的最低温度)为 23.9℃,即当环境温度低于 23.9℃ 时,胚胎发育处于静止休眠状态。如果环境温度较高,但又达不到孵化温度 37.8℃ 时,胚胎发育是不完全和不稳定的,容易造成胚胎早期死亡。反之,如果环境温度长时间过低(如 0℃),虽然胚胎发育处于静止状态,但胚胎活力下降。种蛋保存的适宜温度,要根据贮存时间长短而定,一般认为,种蛋贮存在 1 周以内以 18.3℃ 为宜,1～2 周则为 12℃～15℃ 为宜,超过 2 周以 10.5℃ 为宜。

此外,刚产下的种蛋放到贮存温度环境中要注意逐渐降温。因母鸡体温较高,一般为 40.5℃,如果突然降温会使胚胎生活力降低,影响孵化效果。降温时间要根据气温等因素灵活掌握,一般以 10～20 小时为宜。

(2)**贮存湿度** 种蛋贮存期间,蛋内水分通过气孔不断向外蒸发,其蒸发速度受贮存室内相对湿度的影响,湿度大则蛋内水分蒸发量小,反之则大。因此,必须使贮存室保持适宜的湿度,一般以相对湿度 75%～80% 为宜。实际中可以根据贮存天数灵活掌握,贮存天数多,则相对湿度要偏高些,贮存天数少则可偏低些。

2. 影响种蛋贮存的其他因素——合理的放置与翻蛋

种蛋的放置方法和是否翻蛋与种蛋贮存的时间有关。种蛋贮存 1 周以上,蛋的大头朝上或小头朝上均可,并且不需翻蛋;

种蛋保存1周以上,如大头朝上放置,则需每天翻蛋1~2次,若小头朝上放置,则不需翻蛋,孵化率也不受影响。

3. 种蛋贮存的时间 一般以产后1周为宜,种蛋贮存的时间最好不要超过2周。

三、种蛋的包装、运输与消毒

(一)种蛋的包装

种蛋包装是为了运输方便和减少种蛋的破损,常用的包装材料有纸箱和蛋托。蛋托目前有塑料蛋托和纸质蛋托。塑料蛋托又分为两种,一种是网格式,另一种是普通格式。网格蛋托适用于种鸡场,具有熏蒸效果好、便于清洗后反复使用的特点。普通格式蛋托不适于熏蒸消毒。纸质蛋托价格低,但不能消毒和多次使用。每个蛋托可放种蛋30枚。用蛋托运输种蛋时切忌码放层次太多,一般以5层为宜,如果需要码放多层,最好使用专门特制的纸箱,每个蛋箱内左右放2个蛋托,上下各5层。如果没有蛋托,也可以用瓦楞纸条做成一个一个的小方格,每层用瓦楞纸板隔开,为了防止种蛋晃动,可在装完一层后,撒上一些垫料做填充物。

如果没有专用的蛋托和蛋箱,也可使用木箱。用木箱要先在箱底放一层垫料,垫料要求柔软、干燥、清洁卫生,一般常用锯末、谷糠、麦秸等。再将种蛋大头朝上竖直放置,蛋与蛋之间尽可能不留空隙,每码完一层,要撒上一层垫料以填满空隙。

包装种蛋的同时要进行选蛋,剔除破蛋和不合格种蛋。

(二)种蛋的运输

种蛋的运输要求做到快速平稳,尽量减少颠簸。若是长途运输,最好是空运或船运。如短途运输,以空调汽车最佳,以便保持适宜的温度和湿度(18℃,相对湿度为75%～80%)。如果是其他简陋的交通工具,要注意夏天防日晒雨淋,冬天防冻。

(三)种蛋的消毒

鸡蛋从母体产出后,随着种蛋通过泄殖腔,蛋壳即被泌尿和消化道的排出物所污染。进一步的研究发现,蛋壳上细菌的污染在母鸡输卵管中即发生了。蛋产在产蛋箱中,蛋与垫料接触,则被垫料中的粪便所污染。由此可见,种蛋必须消毒。如何选择最佳消毒时间呢?有人通过试验观察发现,蛋产下后,蛋壳表面细菌数随时间延长而迅速增加(表3-2)。

表3-2 蛋产下后的时间与蛋壳上细菌数

蛋产下后的时间	蛋壳上细菌数(个)
用手接产下的蛋	300～500
15分钟后	1500～3000
1小时后	20000～30000

由表可见,种蛋的消毒时间越早越好。为此,种鸡场应在种鸡舍设消毒间,种蛋收集后立即进行消毒,并尽早运往蛋库,以免种蛋在鸡舍内再次被污染。尽管如此,由于种种原因,消毒过的种蛋仍会再次被污染。因此,种蛋入孵前需再进行第二次消毒。常用的消毒方法有以下几种。

1. 福尔马林消毒法 每立方米用高锰酸钾15克,加福尔马林溶液(即40%的甲醛原液)30毫升,温度控制在25℃～

27℃，相对湿度为 75%～80%，熏蒸 30 分钟。一般在入孵前将种蛋放入孵化器中进行。这样，在消毒种蛋的同时也消毒了孵化器。

具体操作方法是，先将装有高锰酸钾的搪瓷容器放在熏蒸的地方，之后加入福尔马林。不能将高锰酸钾倒入福尔马林溶液中，以防药液溅出伤人，故要小心。

除进行熏蒸外，还可将种蛋放入温度 40℃ 的 1.5% 甲醛溶液中，浸泡 2～3 分钟，也可起到杀菌作用。

2. 过氧乙酸熏蒸消毒法 每立方米用 1% 的过氧乙酸 30 毫升，熏蒸 30 分钟。

3. 二氧化氯喷雾消毒 用 0.01% 的微温二氧化氯溶液对种蛋进行喷雾消毒，此法操作简便，多用于种鸡舍对种蛋的消毒。

4. 新洁尔灭消毒法 50% 新洁尔灭原液用微温水（45℃左右）稀释 500 倍，配成 0.1% 的水溶液，对种蛋浸泡 3 分钟，或进行喷雾消毒。喷雾时注意要喷遍每个种蛋表面的所有部位。

5. 碘液浸泡消毒法 用 0.1% 的碘溶液进行浸泡消毒。具体操作方法为 2 升水加 20 克碘片或 30 克碘化钾，全部溶解后倒入 18 升清水中，水温为 40℃ 左右，浸泡 3 分钟，取出沥干后装盘存放。但要注意，采用浸泡消毒法消毒过的种蛋必须尽快入孵，至少不能晚于第二天。

6. 紫外线消毒法 在离地面约 1 米处安装 40 瓦紫外线灯管，照射 10～15 分钟即可达到消毒目的。此法操作简便，但由于种蛋有些部位照射不到，不能起到消毒作用，所以采用此法消毒种蛋时，要尽量使种蛋的各个部位都能受到照射。

四、人工孵化的条件

(一)温度

温度是鸡胚胎发育所需要的最重要的条件。只有提供胚胎发育的最佳温度,才能保证其正常发育和获得较高的孵化率。胚胎对高温刺激比低温敏感。如果温度过高,则胚胎发育过快,孵化期缩短,胚胎死亡率升高,且孵出的雏鸡体质弱。但温度过低对胚胎也很不利,往往造成胚胎发育迟缓,孵化期延长,受精蛋孵化率低(表3-3)。胚胎发育不同时期对温度要求也不一样,胚胎发育初期(1~4天)胚体小,物质代谢处于低级阶段,产热较少,因而需要较高的温度。随着胚胎的增长,物质代谢增强,产热量也日益增加,特别是孵化末期,胚胎自身产生大量体热,以致蛋温高于孵化温度,因此需要较低的温度(表3-4)。

表3-3 孵化温度与孵化率

温度(℃)	受精蛋孵化率(%)	温度(℃)	受精蛋孵化率(%)
35.5	10	37.8	88
36.1	50	38.3	85
36.7	70	38.9	75
37.2	80	39.4	50

表3-4 蛋温与孵化温度

种蛋入孵日龄(天)	蛋温高于孵化温度(℃)	种蛋入孵日龄(℃)	蛋温高于孵化温度(℃)
10	0.4	20	1.9
15	1.3	21	3.3

由上述可见,为了使胚胎发育正常,就要根据胚胎发育的不同时期给予不同的温度。据研究,胚胎发育1~9天的最佳温度为37℃,而19~21天的最佳温度为37.3℃。需要指出,这个最佳温度值是对所有种蛋的平均温度而言,事实上,很多因素都会影响这个温度值,如蛋重的大小、蛋壳质量、种蛋贮存时间长短以及孵化期间的气温与湿度等。

实际操作中,要根据不同地区的气候条件和孵化室小气候的温度以及孵化器的类型等灵活掌握。

根据经验,整批入孵时,可采取变温孵化,即孵化温度掌握前高后低的原则。孵化的1~5天,38.2℃;6~10天,38℃;11~15天,37.8℃;16~19天,37.6℃;19~21天,37.3℃。分批入孵时,则可采取恒温孵化,即除入孵第一批蛋时将温度适当提高0.1℃~0.5℃外,以后均保持37.5℃~37.7℃,出雏器也为37.3℃。

对于孵化规模较大的场,为了管理方便,多将孵化器温度恒定在37.8℃,出雏器温度恒定在37℃~37.5℃,可以获得良好的孵化率。

此外,为了精确控制孵化温度,可将种蛋在入孵前按蛋重进行分级,将基本相同重量的种蛋同一批入孵,这样可以进一步提高孵化率。

孵化室是孵化器所在的小气候环境,其温度高低,直接影响到孵化器内的温度状况。为使孵化器内保持37.8℃的温度条件,孵化室温度应保持20℃~25℃。夏天气温高,孵化室降温有困难,可适当降低孵化温度。冬天气温低,要在孵化室内安装供暖设备。

另外,在采用立体孵化器进行孵化时,要注意区分孵化器给温和门表所示温度。孵化器给温是指固定在孵化器内感温原件(如水银导电表)所控制的温度。它是由人工调控的。当孵化器内温度超过确定的温度时,能自动切断电源停止供温,温度降低时,又可自动接通电源恢复供温。门表所示温度,是指挂在孵化器观察窗里的温度计所示的温度。当孵化器性能好时,孵化器内各点温差较小(比如±0.2℃),此时门表所示温度可以作为孵化器给温标志。否则,则不能。

(二)相对湿度

种蛋在孵化过程中,蛋内水分通过蛋壳表面的气孔不断向外蒸发,蒸发量的大小与孵化器内相对湿度有关(表3-5)。

表3-5 湿度与孵化率

相对湿度(%)	种蛋失重(%)	孵化率(%)	相对温度(%)	种蛋失重(%)	孵化率(%)
70~80	5.3	55.5	50~60	7.8	69.3
60~70	8.7	62.1	40~50	10.2	68.8

由表3-6可见,孵化湿度小,蛋内水分蒸发量就大,容易发生胚胎与胎膜粘连,影响胚胎发育和出雏,孵出的雏鸡体重小,干瘦;反之,如果湿度过大,蛋内水分蒸发受阻,导致气室变小,气体代谢困难,胚胎发育受影响;严重时,雏鸡在破壳期间窒息而死,孵出的雏鸡也大多腹部大,生活力降低。

因此,孵化期间一定要给胚胎提供适宜的湿度。水是热的良导体,适宜的湿度可使胚胎初期受热均匀,有利于后期散热。另外,孵化后期适当加大湿度有利于蛋壳中的碳酸钙变为碳酸氢钙,从而有利于雏鸡破壳出雏。

鸡胚胎发育对环境湿度的适应范围比温度适应范围要宽,一般认为相对湿度在40%~70%,胚胎均能适应,但仍存在最佳湿度值。立体孵化器最佳相对湿度,孵化器为53%～57%,出雏器为70%。在实际操作中可根据不同孵化方式灵活掌握。

整批入孵时,原则上可掌握"两头高、中间低",以满足胚胎发育不同时期对湿度的特殊要求。孵化初期(1～7天)胚胎要形成羊水和尿囊液,为了满足胎膜形成液体的需要,使早期胚蛋受热均匀,湿度可稍高些,一般可控制在60%～65%;孵化中后期(10～18天),胚胎要排出羊水和尿囊液,湿度可低些,一般为50%～55%;啄壳出雏期(19～21天),为了便于雏鸡啄壳,防止雏鸡绒毛与蛋壳粘连,湿度应高些,掌握在70%。

分批入孵时,因孵化器内有不同胚龄的胚蛋,为了照顾到各胚龄胚胎发育,湿度掌握在50%～60%,出雏期间增至60%～70%。

(三)通风换气

通风的目的是给胚胎提供所需的氧气,排出二氧化碳。在孵化过程中,空气含氧量每下降1%,则孵化率将下降5%。同时,合理的通风还可起到均温、驱散余热的作用。

通风量的大小,要根据胚胎气体代谢特点以及孵化器内温度、湿度状况来调整。孵化初期(1～4天),胚胎气体代谢低,耗氧量少,随着胚龄的增加,气体代谢迅速增高。到了出雏期,胚胎尿囊绒毛膜功能减退,肺功能逐渐增强,需氧量增加。因此,孵化初期通风量可小些,到孵化中、后期可提高通风量。此外,调节通风量还要考虑孵化器内温度和湿度状况。因通风、温度、湿度三者之间有着密切关系,通风良好,散热快,湿度小;通风不良,空气不流畅,温度提高,湿度也升高。

在孵化时除应考虑通风量外,还应注意风速均匀,避免风直接吹到种蛋上。

另外,在设计孵化室时一定要注意孵化室的通风问题,孵化室要装设进风孔,孵化器和孵化室的通风装置要分开。从孵化器排出的污浊空气应直接排到大气中,严禁将孵化器内污浊空气排入孵化室,造成空气恶性循环,致使有害气体浓度升高,降低孵化率。

(四)翻 蛋

有人观察老母鸡孵蛋,发现其不断用爪、喙翻动胚蛋,每天达 90 次之多。将蛋上下翻动,并经常将蛋从中央调到窝边,又从窝边移到中央,这是生物本能的反应。这样不断翻动种蛋的意义在于促进胚胎运动,使胚胎各部受热均匀,并供应新鲜空气。同时通过翻蛋,可避免胚胎与壳膜粘连。蛋黄比重较轻,浮于蛋的上部,而胚胎位于蛋黄之上,易与壳膜接触,如果长期放置不动,容易与壳膜发生粘连而造成死亡。

在进行人工孵化过程中,人们模仿老母鸡的翻蛋行为,设置了翻蛋系统,一般每 2 小时翻蛋 1 次,入孵第十八天停止翻蛋。1982 年北京农业大学鸡场试验,入孵第十六天停止翻蛋并落盘,取得成功。因此,为了更充分利用孵化器,节省电力,可以在入孵第十六天落盘。

翻蛋角度以水平位置前仰后仰各 45℃ 为宜。有试验表明,如一个方向转蛋,容易引起卵黄膜破裂,血管破裂,胚胎死亡率升高。

(五)凉 蛋

凉蛋即种蛋孵化到一定时间,将孵化器门打开,让胚胎降温的一种操作。通过凉蛋可以使鸡胚得到新鲜空气,驱散孵化器中的余热,同时给予胚胎冷刺激,以利于胚胎发育。

一般情况下,如果孵化器供温系统设计合理,供温稳定可靠,鸡胚孵化中不需要凉蛋。但在炎热的夏季,孵化后期胚胎自温超温时可适当进行凉蛋,而当孵化器通风系统设计不合理或孵化中后期突然停电时,必须进行凉蛋。

凉蛋的时间与次数要根据孵化器的性能状况及胚胎发育的不同阶段灵活掌握。一般可于孵化后期每天凉蛋1~2次,每次20~30分钟,凉到将蛋放在眼皮下不感到烫时为止,此时蛋表面的温度为33℃。

五、胚胎发育的主要特征

受精蛋在母体外如获得适宜的孵化条件,胚胎将继续发育,很快形成中胚层。以后就从内、中、外3个胚层最终形成鸡的所有组织和器官,外胚层形成皮肤、羽毛、喙、趾、感觉器官和神经器官。中胚层形成骨骼、肌肉、血液循环系统、泌尿生殖系统、消化系统的外层、结缔组织,内胚层形成消化器官(黏膜部分)、呼吸系统上皮、内分泌器官。

(一)胚胎发育的外部特征

从形态上看,鸡胚发育大致可分4个阶段,即1~4天为内部器官发育阶段,5~14天为外部器官形成阶段,15~19天为胚胎生长阶段,20~21天为出壳阶段。下面简要介绍不同胚龄胚胎发育的主要特征。

第一天 胚盘明区形成原条,其前方为原结,原结前端为头突,头突的发育形成脊索、神经管,由神经管前端形成脑泡。

聚集在中胚层的细胞沿着神经管的两侧形成成对的体节。中胚层进入暗区,在胚盘的边缘出现许多红点,即所谓血岛,然后合并形成血管。

第二天 心脏形成并开始跳动,头与蛋黄分离,卵黄囊、羊膜、绒毛膜开始形成。照蛋时,可见卵黄囊血管区(图3-2)。

第三天 胚胎的头、眼特大,颈短,四肢在第三天末呈丘状突起,胚体呈弯曲状态,尿囊开始长出。照蛋时,可见胚体和伸展的卵黄囊血管(图3-3)。

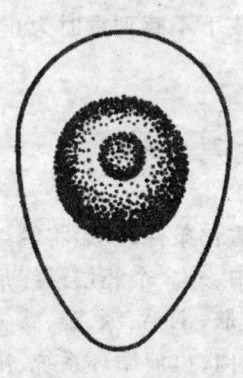
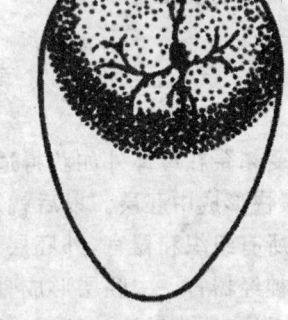

图3-2 孵化第二天　　　　图3-3 孵化第三天

第四天 胚胎与蛋黄分开,由于中脑迅速生长,胚胎头部明显增大,胚体更为弯曲。照蛋时,蛋黄不易转动,胚体增大,卵黄囊血管网扩展面增大(图3-4)。

第五天 性腺已分化,可确定胚的雌雄。口腔和四肢形成,可见到趾原基。眼有大量黑色素沉着,照蛋时,可明显看到黑色的眼点(图3-5)。

第六天 胚胎开始有规律地运动。蛋黄由于水分的渗入而达最大重量,由原来占蛋重的30%增至65%。卵黄囊分布

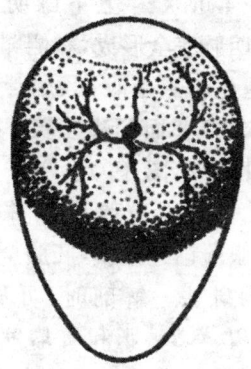
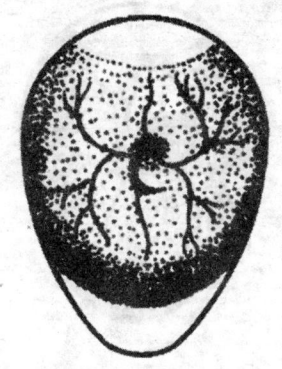

图 3-4　孵化第四天　　　　　图 3-5　孵化第五天

在蛋黄表面 1/2 以上，尿囊到达蛋壳内表面。由于头部抬起，颈开始伸长，胚体开始伸直。照蛋时，可见头部和增大的躯干部两个小圆团，俗称"双珠"（图 3-6）。

第七天　胚胎出现鸟类特征，翼、喙明显，羽原基开始在背部正中线上及后肢基部呈小丘状。照蛋时，胚胎在羊水中不容易看清，半个蛋表面布满血管（图 3-7）。

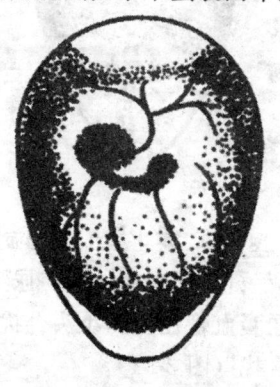
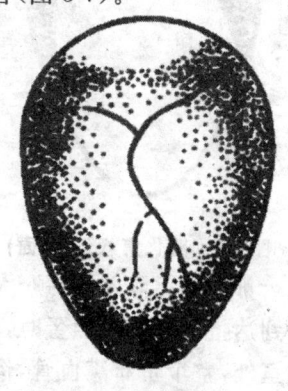

图 3-6　孵化第六天　　　　　图 3-7　孵化第七天

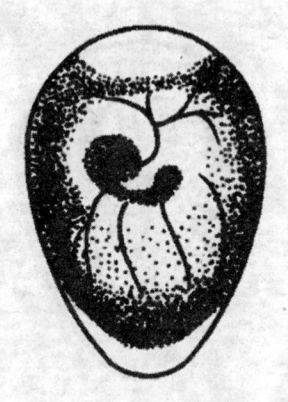

图 3-8 孵化第八天(正面)

第八天 上下喙明显可分,四肢完全形成,右侧卵巢开始退化。照蛋时,胚胎浮游于羊水中,背面两边蛋黄不易晃动(图 3-8,图 3-9)。

第九天 喙伸长并稍弯曲,眼睑已达虹膜,胚胎全身被覆羽乳头。解剖时,可见心、肝、胃、食管、肠和胃均发育良好。尿囊几乎包围整个胚胎。照蛋时,可见尿囊血管伸展越过卵黄囊,俗称"窜筋"(图 3-10)。

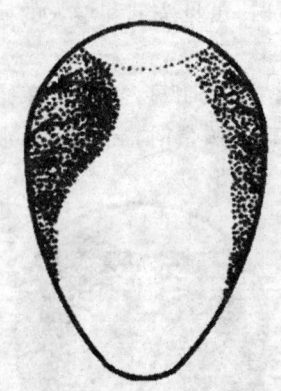 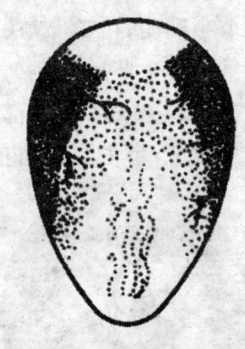

图 3-9 孵化第八天(背面)　　图 3-10 孵化第九天(背面)

第十天 胚胎背、颈、大腿部都覆盖有羽毛乳头。尿囊血管到达蛋的小头。照蛋时,可见尿囊血管在蛋的小头合拢,除气室外,整个蛋布满血管,俗称"合拢"(图 3-11)。

第十一天 背部出现绒毛,冠出现锯齿。尿囊液达最大量。照蛋时,血管加粗,颜色加深(图3-12)。

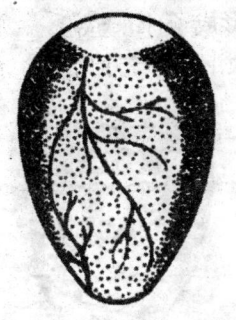 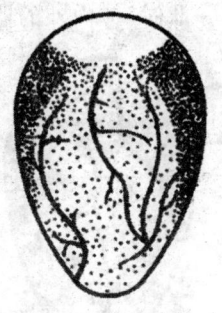

图 3-11　孵化第十天(背面)　　图 3-12　孵化第十一天

第十二天　肠、肾开始有功能,胚胎开始吸收蛋白,这时蛋白大部分已被吸收,从原来占蛋重的 60% 减至 20% 左右(图 3-13)。

第十三天　胚胎头部和身体大部分都覆有绒毛,胫出现鳞片,蛋白迅速进入羊膜腔。照蛋时,蛋小头发亮部分随胚龄增加而逐渐减少(图 3-14)。

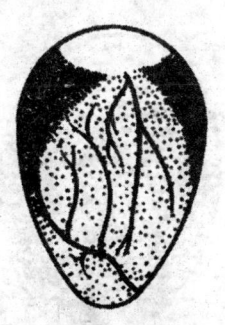 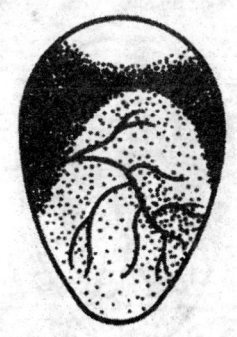

图 3-13　孵化第十二天　　图 3-14　孵化第十三天(背面)

第十四天　胚胎全身覆盖绒毛,头向气室,胚胎与蛋的长轴平行(图 3-15)。

第十五天 翅已完全成形,蹠、趾的鳞片开始形成,眼睑闭合。此时,体内外的器官基本上形成了(图 3-16)。

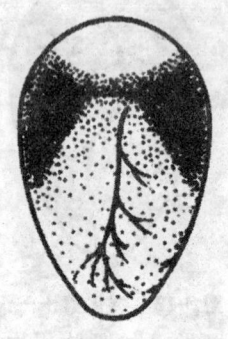 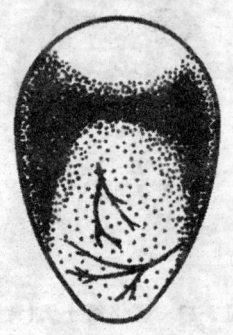

图 3-15 孵化第十四天(背面)　　图 3-16 孵化第十五天(背面)

第十六天 冠和肉垂极明显,蛋白几乎被吸收完(图 3-17)。

第十七天 羊水、尿囊液开始减少,躯干增大,两腿紧抱头部,喙朝向气室,蛋白全部输入羊膜腔。照蛋时,蛋小头看不到发亮的部分(图 3-18)。

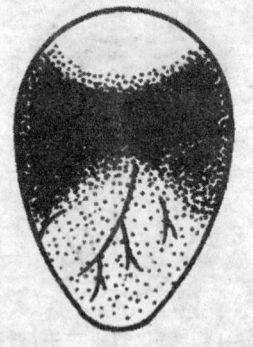 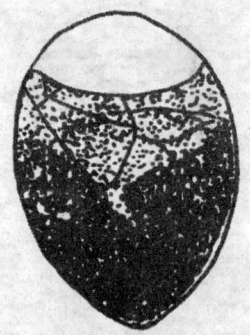

图 3-17 孵化第十六天(背面)　　图 3-18 孵化第十七天(背面)

第十八天 羊水、尿囊液明显减少。头弯曲在右翅下,眼开始睁开。胚胎开始转身。照蛋时,可见气室倾斜(图 3-19)。

第十九天 卵黄囊收缩,与绝大部分蛋黄一起缩入腹腔。喙进入气室开始呼吸,颈、翅突入气室,头埋于右翅下。可听到雏鸡叫声,开始啄壳。照蛋时,可见气室内翅膀、喙部的黑影闪动,俗称"闪毛"(图 3-20)。

第二十天 尿囊完全枯萎,剩余蛋黄全部进入腹腔。

图 3-19 孵化第十八天

第二十天的前半天大批啄壳,开始破壳出雏(图 3-21)。

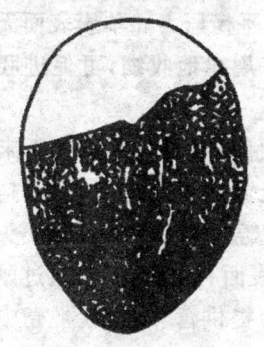
图 3-20 孵化第十九天

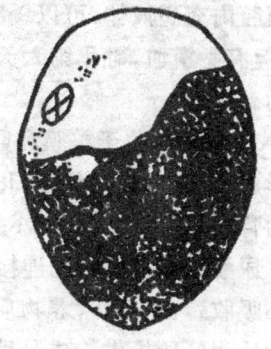
图 3-21 孵化第二十天

第二十一天 雏鸡出壳。

(二)胎膜的形成及其功能

鸡胚胎的营养和呼吸主要靠胎膜来实现。胎膜有 4 种,即卵黄囊、羊膜、浆膜及尿囊。

1. 卵黄囊 卵黄囊是最早形成的胎膜,孵化第二天即开始出现,逐渐生长覆盖于卵黄表面。入孵第四天覆盖卵黄表面的 1/3,入孵第六天达 2/3,第九天几乎包围整个卵黄。卵黄囊表面分布很多血管,经卵黄囊柄通入胚体。卵黄囊吸收蛋黄内的营养物质给胚胎,孵化第六天前还为胚胎输送氧气,出雏前与蛋黄一起被吸入腹腔内。雏鸡出壳时,雏鸡体内约有 6 克左右的卵黄,一般在出雏后 6~7 天被雏鸡小肠吸收完毕,仅在肠壁外残留一点痕迹。

2. 羊膜和浆膜 入孵 3~33 小时,浆膜和羊膜发生,入孵后的前几天,浆膜紧贴羊膜和卵黄囊,由于尿囊的发育,浆膜与羊膜、卵黄囊分离,而与尿囊结合。浆膜透明且无血管,所以打开孵化中的胚胎看不到单独的浆膜。羊膜包围胚胎,羊膜腔内充满液体,可以缓冲震动,平衡压力。羊膜表面无血管,但有平滑肌,孵化第六天开始有规律地收缩,可促进胚体运动。

3. 尿囊 位于羊膜和卵黄囊之间,在孵化的第二天末开始形成,以后迅速生长;孵化第六天紧贴蛋壳内壁,以后越过胚胎背部,从蛋的大头向小头伸延;孵化第十天在蛋的小头合拢。尿囊以尿囊柄与肠连接,尿囊表面有血管,胚胎通过尿囊循环吸收蛋白中的营养物质为胚胎提供营养,吸收蛋壳中的矿物质为胚胎提供构成骨骼的重要原料;尿囊又是胚胎呼吸器官,通过它排出二氧化碳吸入氧气;尿囊还是胚胎蛋白质代谢产生的尿素、尿酸等废物的贮存场所。尿囊到孵化末期逐渐干枯,内贮有黄白色含氮排泄物,雏鸡出壳后残留在蛋壳里。

六、孵化方法

我国地域辽阔,地理条件、气候条件、经济条件和科技水平等都有很大的差别,就是同一地区的各个养鸡企业,种蛋孵化也不可能一致。有传统的、比较落后的孵化方法,如温水缸孵化法、桶孵化法、火炕孵化法、火炕平箱孵化法、温室摊床孵化法、热水袋孵化法和煤油灯供温孵化法等,这些方法适用于缺电、规模小和资金紧缺的养鸡专业户或鸡场。而现代化、集约化和大型的养鸡场,上述的孵化设备和方法是不能适应它的需要的,必须采用现代先进的立体孵化设备和孵化方法。但是,不管采用何种孵化设备和方法,只要能满足种蛋孵化条件,受精蛋就能孵出小鸡。

人工孵化可分为机器孵化法与传统孵化法两种。

(一)机器孵化法

近年来,随着优质黄羽肉鸡生产的发展,机器孵化日趋普及,而且向着大型化、自动化方向发展。目前已普遍采用电孵化器和电脑孵化器,自控程度较高。孵化机内所需的温度、湿度、通风和翻蛋等项操作可自动控制,孵化量大,劳动强度大大减轻,便于管理,且孵化效果好。

进行机器孵化时,应按生产工艺流程做好以下工作。

1. 孵化前的准备

(1)检修 孵化前应对孵化器的电热系统、风扇、电动机、翻蛋系统进行检修,并观察全部机件运转是否正常,避免孵化中途发生故障。

(2)消毒 为使雏鸡不受疾病的感染,种蛋存放室和孵化室的地面、墙壁、孵化器及其附件均需彻底消毒。

（3）试温　孵化前应进行试温观察2～3天,证明一切正常后方可进行孵化。

2. 种蛋入孵前的预温　种蛋保存期的温度一般较低,所以从贮存室取出后不能直接入孵,应经过预温处理。先将种蛋放在孵化室或室温22℃～25℃环境下预热4～6小时,使种蛋温度逐渐上升,比较接近孵化温度再入孵,这样可以减少因温度突然上升而引起部分弱胚死亡,而且预温后种蛋升温快,胚胎发育整齐,出雏时间较一致。

3. 上蛋入孵　将种蛋的钝端朝上,放入孵化盘后即可入孵。鸡蛋有整批入孵和分批入孵两种方式。整批入孵是一次把孵化机装满,大型孵化场多采用整批入孵。分批入孵一般可每隔3天、5天或7天入孵一批种蛋,出一批雏鸡。但注意各批次的蛋盘应交错放置,这样新老胚蛋可相互调温,使孵化器里温度较均匀,又可使蛋架重量平衡。入孵的时间最好安排在16～17时,这样一般可在白天大批出雏,有利于工作的进行。

4. 入孵后的管理　现代的立体孵化机,机械化、自动化程度较高,管理的重点除随时观察孵化机内的温度、湿度变化情况,以便及时调整外,还要观察孵化机运转是否正常,供水、供电系统是否正常,所用仪器、仪表有无失灵情况等。若有异常情况出现,应及时排除故障,保证孵化的正常进行。在规模较大的孵化场或经常停电的地区,应自备发电机,以便停电时能立即发电。如没有这种条件,则应在孵化室设有火炉或火墙,以准备临时停电时生火加温。

5. 照蛋　照蛋是检查孵化效果的手段。通过照蛋灯(图3-22)来检查,可以检出无精蛋、死胚,检查胚胎发育是否正常,孵化条件是否合适。因此,一般情况下在孵化期间要照蛋2次。

第一次照蛋称头照,在孵化开始后的5~6天内进行,目的是为了查出无精蛋和早期死胚蛋。正常发育的胚胎血管网鲜红,胚胎呈蛛网状,称为"起珠"。无精蛋又叫白蛋,透明不见血管。早期死胚蛋,只见血圈或血线,但无血管分布(图3-23)。

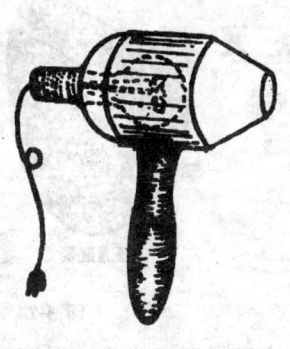

图 3-22 照蛋灯

在孵化的第十九天进行第二次照蛋,可一边移盘,一边照检,剔去

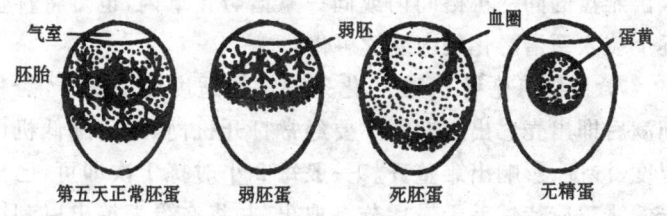

图 3-23 种蛋头照时的胚胎

死胚蛋。这时发育正常的胚胎,除气室外全部都被胚胎占满,蛋的尖头呈黑色,气室边弯曲,有时可看见胎动;而死胚蛋的尖端颜色发淡,透明,有血管,胚胎不动(图3-24)。

6. 移盘(或落盘)　孵化第十九天进行最后一次照检,将死胚蛋剔除后,把发育正常的蛋转入出雏机继续孵化,叫做"移盘"。有时孵化机没有专设出雏机,只在孵化机的下部设有出雏盘,末期将蛋放入出雏盘叫做"落盘"。移盘(落盘)时,如发现胚胎发育普遍延缓,应推迟移盘(落盘)时间。移盘后

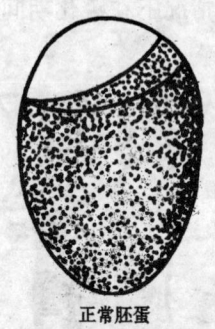 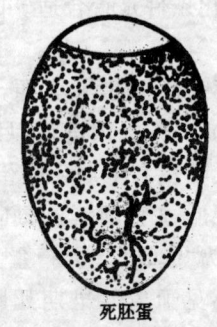

正常胚蛋　　　　　　死胚蛋

图 3-24　第二次照蛋时的胚胎

注意提高出雏机内湿度和增大通风量,停止翻蛋。在育种工作中需要进行系谱孵化时,移盘(落盘)应按同一母鸡的蛋装入出雏盘的同一小格间内或同一系谱孵化罩内,也可将种蛋逐个装入系谱孵化袋内继续孵化。

7. 出雏的处理　在孵化条件掌握适度的情况下,孵化期满后即出壳。出雏期间不要经常打开机门,避免降低机内温度、湿度,影响出雏整齐。一般每 2 小时拣 1 次即可,已出壳的雏鸡应待绒毛干燥后分批取出,并将空蛋壳拣出以利继续出雏。出雏开始后应关闭机内的照明灯,避免引起雏鸡的骚动。在出雏末期,对已啄壳但无力出壳的弱雏可进行人工破壳助产。助产要在尿囊血管枯萎时方可实行,否则容易引起大量出血,造成雏鸡死亡。雏鸡从出雏机拣出后即可进行雌雄鉴别和免疫。出雏完毕应及时清洗、消毒出雏机与出雏盘,以备下次出雏时使用。

8. 孵化室的卫生与防疫

(1)加强人员的消毒　工作人员在进行种蛋码盘、孵化、落盘、出雏、鉴别、免疫接种等操作前应用 0.2% 新洁尔灭溶液洗手消毒。

(2)器具的消毒 使用过的种蛋盘、孵化盘应及时清理冲刷,做到无任何残留物,之后进行消毒。消毒常用0.1%～0.2%次氯酸钠溶液浸泡1小时以上,之后用自来水冲洗晾干备用。出雏盘架、蛋架车等应先用自来水冲刷干净,再按每立方米用福尔马林30毫升、高锰酸钾15克熏蒸消毒0.5小时。

此外,种蛋初选室、贮蛋库、孵化室、出雏、鉴别室的工具、器具,不得串位使用,运雏盒不得返回再用。

(3)孵化器、出雏器的消毒 孵化器、出雏器是胚胎赖以生存的小环境,经过消毒的种蛋,要确保其胚胎不再受到污染,孵化器及出雏器的卫生状况至关重要。因此,孵化器及出雏器使用后,取出孵化盘、出雏盘等用具,先用清水冲洗干净,再用新洁尔灭擦洗孵化器内表面(尤其应注意机顶的清洁),然后每立方米空间用福尔马林30毫升、高锰酸钾21克,在温度24℃、湿度75%以上的条件下,密闭熏蒸1小时,然后打开机门和进出气孔通风1小时左右,驱除甲醛蒸气。

(4)孵化室、出雏室的消毒 孵化器、出雏器是胚胎赖以生存的环境,而孵化室和出雏室则是胚胎发育的大环境,加之出雏室是孵化场污染最严重的地方,所以消毒工作更显重要。

孵化室在停止孵化时,应先用高压水冲刷地面,然后每立方米空间用福尔马林28毫升,高锰酸钾14克,即福尔马林与高锰酸的比为2∶1,密封门窗熏蒸1小时。

出雏室在出雏结束时,取出出雏盘后,应将死胚蛋(毛蛋)、死弱雏及蛋壳装入塑料袋中运出,清除出雏室地面、墙壁、天花板的废物,然后用清水冲洗地面、墙壁等。注意消毒不能代替冲洗,只有彻底冲洗干净,消毒药才能充分发挥作用。所以在消毒前一定要将地面、墙壁等冲洗干净。之后用

0.3%的过氧乙酸(每平方米用量 30 毫升)喷洒出雏室的地面、墙壁和天花板。

为减少出雏室对孵化室的污染,有条件的可使用绒毛收集器,以减少绒毛的污染。若孵化室与出雏室仅一墙之隔时,在出雏期间,应将孵化室与出雏室间的隔离门关闭,防止出雏室内污浊空气逆向流动。

9. 做好孵化记录 每批孵化,应将上蛋日期、蛋数、种蛋来源、照蛋情况、孵化结果、孵化期内的温度变化等记录下来,以便统计孵化成绩或做总结工作时参考。孵化记录表的样式见表 3-6 和表 3-7。

表 3-6 孵化记录表

孵化机编号_____ 管理人员_____ 入孵日期_____
种蛋品种_____ 入孵种蛋数_____

日期或天数	室内(平均)		机内(平均)		照 蛋(个)				受精率(%)	出雏情况(只)				孵化率(%)	健雏率(%)	备注
	温度	湿度	温度	湿度	头照		头照	二照		健雏数	弱雏数	合计	死胎数			
					无精蛋	死精蛋	死胚蛋数	死胚蛋数								

表 3-7 孵化情况一览表

年　　月　　日

批次	品种	种蛋留用期	入孵日期	入孵时间	入孵蛋数	验蛋(个)			出雏情况(只)				受精率(%)	受精蛋孵化率(%)	入孵蛋孵化率(%)	出雏结束时间	备注
						无精	死精	破蛋	移盘数	正常雏	弱雏	死雏	死胎					

(二)传统孵化法

1. 炕孵化法　炕孵化法是我国北方普遍采用的孵化方法。炕孵化设备简单,仅需要有火炕、摊床、棉被和单被等物。

火炕多以土坯或砖砌成,炕上铺有麦秸或稻草,上面再铺上草席,火炕的大小应视房间的大小及孵化量而定。炕高约0.7米,宽约2米。孵化量大时,可分热炕和温炕,前者放刚入孵的新蛋,后者放已经孵化的老蛋。孵化到中期种蛋将转入摊床上孵化。

火炕孵化应十分注意温度调节。根据不同季节、气候及种蛋的胚龄,通过烧炕的次数与时间、覆盖物的多少、翻蛋、凉蛋等方法来调节孵化温度。鸡蛋入孵头11天温度较高,尤以头2天最高,12天后上摊温度可稍低。温度变化情况见表 3-8。

表 3-8　火炕孵化法的孵化温度

孵化日期(天)	温　度(℃)	孵化日期(天)	温　度(℃)
1～2	41～41.5	13～14	37.5
3～5	39.5	15～16	38.0
6～11	39.0	17～21	37.5
12	38.0		

火炕孵化一般5～6天入孵一批,头照在入孵后5～7天,二照在入孵后11天。照蛋的同时进行移蛋,头照后将种蛋移至离火源远的地方或移至"温炕"上继续孵化,二照后将种蛋移至摊床上出雏。温炕孵化要求每4～6小时翻蛋1次,将上下层的蛋、边缘与中间的蛋对调,使之受热均匀,入孵19天后停止翻蛋。

种蛋孵到11～12天照蛋后移入摊床。此时应将蛋盘移到摊床上继续孵化,称为上摊。在上摊时应将室温适当提高,以防凉蛋。上摊后仍盖棉被,这时由于胚胎发育很快,种蛋本身产生的热量越来越多,所以更应注意蛋温的调节。随着孵化时间的推移,可将棉被换成毯子、被单等,逐步减少覆盖物。

当孵化到17～18天时,将蛋盘单层摆在摊床上,以防止蛋温过高,准备出雏。如果是两层摊床,开始上摊应放在上层,因房子上部温度比下部高。到17～18天时,从上层移至下层,因出雏时要求蛋温稍低。19天后停止翻蛋。如果19天有少数蛋破壳,则可以听到雏鸡叫声。20天时有少量雏鸡出壳和半数以上蛋破壳,则说明到21天可大量出雏。

出雏期间不要取雏过勤。一般摊床上布满一层干毛的雏鸡后再取。对刚出壳的雏鸡不要取,待下次再取。取完雏鸡随即拣去蛋壳,避免影响其他种蛋出雏。将剩余蛋集中在一起,使其继续孵化,等待出雏。一般第一次取雏鸡在半数以上,8~12小时后取第二次,第三次取雏扫盘,结束本批孵化。

2. 缸孵化法 缸孵化法主要设备有孵缸及蛋箩。孵缸用稻草和泥土制成,壁高100厘米,内径85厘米,中间放有铁锅或砂缸,用泥抹牢。铁锅离地面30~40厘米,囤壁一侧开25~30厘米的灶口,以便生火加温。锅上先放几块土砖,然后将蛋箩放在上面,一般每箩可放种蛋1 000枚。

缸孵分为两期,即新缸期与陈缸期。新缸期为入孵1~5天。种蛋入缸前先使缸内温度达39℃以上,缸内不能太潮湿。入孵后3~4小时开始翻蛋,以后每隔4~6小时翻蛋1次,主要将上层蛋与下层蛋、边蛋与中心蛋互换位置。入孵6~10天为陈缸期,缸温维持38℃。上摊以后温度的掌握同火炕孵化。

3. 平箱孵化法 在地面砌筑加温烟道,上面安装用木料、纤维板制成带夹层的保温孵化箱,箱高1.2米。宽1米,长1米或2米,由下面烟道供温,上面是孵化部分,箱内设7层架,上6层放孵化蛋盘,底层做一个隔热板。做好入孵前的一切准备工作。

种蛋入孵前关好箱门,蛋盘上放置温度计,烧烟道加温,使上面孵化箱内温度达到38℃。种蛋装盘入孵后每隔4小时翻蛋1次。箱内上、下层温度可能不同,可根据温差情况上下调盘,使箱内种蛋受热均匀。为保证孵化箱所需温度,每天要烧4或5次烟道。孵化到19天,可减少烧烟道的次数,让箱内温度保持在36℃即可。孵化到21天,可向蛋面喷洒55℃温水,增加湿度,从而有利于雏鸡破壳,提高孵化率。

4. 温室孵化法 温室孵化法是在温室中采用活动蛋架翻蛋的方式进行孵化的一种方法。它主要由温室、蛋架和摊床3部分构成。

(1)温室 它是孵化的主要部分。面积的大小可根据各自生产规模而定。例如,一间长5米、宽3.5米、高2米的温室,可一次入孵鸡蛋1万个左右。做温室的房子应坐北朝南、地势干燥、保温隔热良好。它的门窗最好用双层,关闭紧密,以利保温。温室的顶部要有出气孔。装设可左右推动的活动门,以便调节温度。温度的热源主要由炉灶和烟道组成,也有用热水管或电热丝供热的。炉灶一般安在室外,灶膛比烟道低20~30厘米,可用耐火砖砌成。烟道可用砖砌,也可用陶管或旧铁管连接而成,要求密封良好,不漏烟火。烟道与炉灶成"U"形,均匀地排列在温室两边。靠近灶端的烟道应埋入地下15~20厘米深,然后逐渐向烟囱方向升高,倾斜度约为3°。烟囱设在室外,其高度不应小于烟道的长度。在烟道入口或烟囱出口处,可装设活动的铁插板,用以控制火力大小,调节温室温度。

(2)蛋架 蛋架一般安在温室中间,两边为烟道和走廊。蛋架的形式大多采用木制活动蛋架,也有的用半自动蛋架。架高一般为140~160厘米,分6~8层,每层相距15~20厘米。最底层离地30~40厘米,顶上层距温室天棚40~50厘米。每层都有放蛋盘的木框,蛋盘套在木框内。各层木框都有转动的轴心,使蛋框可两边倾斜转动,倾斜度一般为45°~50°,通过框架的倾斜转动,达到定期进行翻蛋的目的。

(3)摊床 摊床结构和孵化操作与前几种孵化法相同。种蛋在温室内孵化至14~15天时,胚胎已能产生自温,此时应转入摊床孵化。也有的不设摊床,而在温室内蛋架底层置接雏盘,把快出壳的蛋放在蛋架下层,小鸡出壳后让其掉入接雏盘中,这样就不需要另设摊床孵化了。

(4)管理要点　温室孵化的操作管理与平箱孵化差不多。要注意蛋架上层的温度通常高于下层的温度,靠近炉灶一端的温度高于靠近烟囱一端的温度。因此,每天应将上下、前后的蛋盘互换位置1次。湿度控制可通过在室内设水盘或洒水来掌握。

5. 水袋孵化法　水袋孵化法是在火炕上,放一高20厘米左右的木框,木框中放一塑料袋,袋中放热水。温度是靠烧炕、更换塑料袋中的水来控制的。翻蛋、凉蛋等程序与炕孵化法相同。使用水袋孵化时,要注意以下5点。

第一,塑料袋要大于木框,否则塑料袋装水后易于活动,会使种蛋滑落于塑料袋及木框之间,而不能孵化,也不容易翻蛋。

第二,要注意不可使塑料袋漏水。有时把塑料袋内装上水后,并不漏水,当把种蛋放在塑料袋上时,由于种蛋的压力,会使塑料袋渗水而把种蛋泡在水中。

第三,烧炕加温时,要注意不可使室内温度过高,以防摊床上种蛋温度过高。

第四,塑料袋换水时,先放出冷水,然后加热水。放多少水,需加多高温度的水,应事先试好。加入热水后,应轻轻推动塑料袋,使塑料袋内水温均匀。

第五,种蛋不可放在塑料袋边缘,避免翻蛋时水袋摇动使边蛋与木框相碰。

6. 电褥孵化法　电褥孵化法以电褥子为热源,供热稳定,设备简单,成本低,孵化量可大可小,适合于家庭和专业户使用。孵化室利用普通房屋就可以,但要求室内保温、通风良好,温度保持在22℃～24℃即可。

孵化床可用木床代替,床面用谷草、稻草等铺平,上面铺电褥子。电褥子上面再铺一层棉被,通电后使温度达到

40℃。

温度的检查与调节是在蛋中摆放温度计,入孵后每隔 30 分钟检查 1 次,也可用眼皮感温法检查。检查温度时以下层蛋为主,同时也要检查上、中层和边缘的蛋温。蛋温过高时,可通过减少被层、提早翻蛋和凉蛋等措施来降温;蛋温低时,可采取增加被层或延迟翻蛋时间等措施来提高温度。

(三)衡量孵化成绩的指标

1. 受精率

$$受精率(\%) = \frac{受精蛋数}{入孵蛋数} \times 100\%$$

受精蛋数包括活胚蛋数和死胚蛋数。一般水平应达到 92% 以上。

2. 受精蛋孵化率

$$受精蛋孵化率(\%) = \frac{出壳的全部雏禽数}{受精蛋数} \times 100\%$$

出壳的全部雏禽数包括健雏、弱雏、残雏和死雏。受精蛋孵化率是衡量孵化场孵化效果的主要指标。高水平应达 92% 以上。

3. 入孵蛋孵化率

$$入孵蛋孵化率(\%) = \frac{出壳的全部雏禽数}{入孵蛋数} \times 100\%$$

高水平可达到 87% 以上。此项指标反映种禽场及孵化场的综合管理水平。

4. 早期死胚率

$$早期死胚(\%) = \frac{1 \sim 5 \text{ 胚龄死胚数}}{受精蛋数} \times 100\%$$

通常统计头照(5 胚龄)时的死胚数。正常水平为 1%~2.5%。

5. 死胚率

$$死胚率(\%) = \frac{死胚蛋数}{受精蛋数} \times 100\%$$

死胚率一般指出雏结束后的扫盘时的未出壳的种蛋（俗称"毛蛋"）。如果孵化效果不理想时，可以对这些胚蛋进行剖检，以确定胚胎死亡的具体时间。

6. 健雏率

$$健雏率(\%) = \frac{健雏数}{出壳的全部雏鸡数} \times 100\%$$

高水平应达 98% 以上，孵化厂多以出售的雏禽视为健雏。该项指标反映种禽场及孵化厂的综合水平。

另外，还可以在种禽饲养周期结束后统计种母禽提供的健雏数。即每只种母禽在规定产蛋期间提供的健康雏数。这一项生产性能指标对饲养种鸡的孵化单位很有意义。它综合说明种禽的生产性能（产蛋量、合格种蛋数、种蛋受精率、种鸡的存活率等）和孵化效果及鸡群健康情况，即种鸡的生产水平，从而反映生产的经济效益。

七、雏鸡的雌雄鉴别、分级和运输

（一）雏鸡的雌雄鉴别

在优质黄羽肉鸡生产上及早鉴别出雌、雄雏鸡，具有重要的经济意义，如果不能掌握这门技术，就不容易进一步提高经济效益。

1. 肛门鉴别法

（1）看肛门张缩　将出壳雏鸡握在手中，使肛门朝上，吹开肛门周围的绒毛，用左右手拇指拨动肛门外壁，观察雏鸡肛门张缩情况。拨动时如果肛门闪动快而有力,就是雄鸡;如果闪动一阵停一会,再闪动一阵,张缩次数少而慢,同时容易将肛门翻开,就是雌鸡。

(2)翻肛门看生殖突起　先轻轻地握住刚出壳的雏鸡,排掉它的粪便,再翻开肛门的排泄口,观察生殖突起的发达程度和状态。观察时主要是以生殖突起的有无和隆起的特征进行鉴别。

雄鸡的生殖突起(即阴茎)位于泄殖腔下端八字皱襞的中央,是一个小圆点,直径0.3～1毫米,一般0.5毫米,且充实有光泽,轮廓明显。雌鸡的生殖突起退化无突起点,或有少许残余,明显正常型的呈凹陷状。少数雌鸡的小突起不规则或有大突起,但不充实,突起下有凹陷,八字皱襞不发达。有些雄鸡的突起肥厚,与八字皱襞连成一片,且比较发达。

这个方法最好是用来鉴别出壳12～24小时内的雏鸡。因为此时雌、雄鸡生殖突起差异最明显,以后随着时间的推移,突起就会逐渐萎缩而陷入泄殖腔的深处,不容易鉴别。

2. 伴性遗传羽毛鉴别法

(1)用伴性遗传羽色来鉴别　此法就是应用伴性遗传的羽色这一性状进行鉴别。由于亲代雌鸡的白色羽毛这一性状是显性,亲代雄鸡的红色羽毛这一性状为隐性,因而在子代雏鸡中,凡是白色羽毛的都是雄鸡,凡是红色羽毛的都是雌鸡。例如,我国引进的罗斯、罗曼、伊莎、星杂579等商品代鸡,就是应用这个方法来鉴别雏鸡雌雄的。

(2)用伴性遗传快慢羽来鉴别　用快羽型的雄鸡与慢羽型的的雌鸡进行交配,其子代雏鸡凡是慢羽型的都是雄鸡,凡是快羽型的都是雌鸡。鉴别的操作方法是,将雏鸡翅膀拉开,可看见两排羽毛,前面一排叫主翼羽,后面一排叫覆主翼羽,覆盖在主翼羽上。如果主翼羽的毛管比覆主翼羽的长,就是雌鸡;如果两排翼羽平齐,不分长短,就是雄鸡。

(二)雏鸡的分级

每次孵化,总有一些弱雏和畸形雏,孵化成绩越差,弱雏和畸形雏就越多。雏鸡经性别鉴定后,即可按体质强弱进行分级,将畸形雏如弯头、弯趾、跛足、关节肿胀、瞎眼、大肚、残翅等予以淘汰,弱雏单独饲养。这样可使雏鸡发育均匀,减少疾病感染机会,提高雏鸡成活率。健雏与弱雏的挑选可参考表3-9。

表3-9 健雏和弱雏的区别

项目	健雏	弱雏
出壳时间	正常时间出壳	过早或最后出壳
绒毛	绒毛整洁,长短适中,色泽鲜浓	蓬乱污秽,缺乏光泽,有时绒毛短缺
体重	体态匀称,大小均匀	大小不一,过重或过轻
脐部	愈合良好,干燥,其上覆盖绒毛	愈合不好,脐孔大,触摸有硬块,有黏液,或卵黄囊外露,脐部裸露
腹部	大小适中,柔软	特别膨大
精神	活泼,腿干结实,反应快	痴呆,闭目,站立不稳,反应迟钝
鸣声	响亮而清脆	嘶哑或鸣叫不休
感触	有膘,饱满,挣扎有力	瘦弱,松软,无力挣扎

(三)雏鸡的运输

雏鸡经雌雄鉴别,分级装箱后,应尽快在出壳后24小时运到育雏舍中;如为远地运输,也不能超过48小时,避免中途死亡。路途过远可用飞机空运。

运输雏鸡的基本要求是迅速及时、安全舒适,并注意卫生。装雏最好选用专用的雏鸡箱,如箱长为60厘米、宽45厘米、高18厘米的厚瓦楞纸箱或塑料箱,箱的四周和上壁均有通气孔,内分为4格,底垫纸屑,每格可容25只雏鸡,每箱100只。也可利用废弃商品纸箱或木箱代替,但箱内也应设置分隔和通气孔。运雏最好用备有空调设备的专用运输车。运输前要提前做好清洗消毒,装箱要平稳、牢靠,不能倾斜,不能排放过紧,留好通气孔道。如用无空调的专用车辆时,早春运雏要携带御寒的棉被,夏季要携带防雨工具,谨防雨淋,并尽可能在早、晚凉爽时行车。无论何时运雏,途中都要不断检查,发现过冷、过热或通风不良时,应及时采取措施。内河航运方便的地区,如时间允许,则以船运比较安全平稳。雏鸡运到目的地后,应先放在育雏舍休息1~2小时后,再开食饮水。

第四章 鸡舍建筑与饲养设备

一、鸡场场址选择与鸡舍建筑

(一)鸡场场址的选择原则

鸡场场址和鸡舍布局、结构是鸡的重要生活环境,鸡场场址选择和鸡舍设计要符合肉鸡无公害生产环境标准、环境控制和卫生防疫要求。

1. 无公害生产原则 所选区域的土壤土质、水源水质、空气、周围建筑等环境应该符合无公害生产标准。防止重工业、化工工业等工厂的公害污染。鸡群长期处于公害严重的环境,鸡体会保留有害物质,产品中残毒量也会积留,这些食品对人体也是有害的。因此,不应在公害地区建鸡场。农户要改变利用庭院散养、畜禽混养的落后做法。养殖小区要建在距离居民点 500 米以外的地方,最好利用山沟、山坡建造肉鸡养殖小区。

2. 卫生防疫原则 拟建场地的环境及附近的兽医防疫条件的好坏是影响鸡场经营成败的关键因素之一,必须对当地历史疫情做周密详细地调查研究,特别警惕附近的兽医站、畜牧场、集贸市场、屠宰场距拟建场地的距离、方位,以及有无自然隔离条件等。

3. 生态和可持续发展原则 鸡场选址和建设时要有长远规划,做到可持续发展。鸡场的生产不能对周围环境造成污染,选择场址时应该考虑处理粪便、污水和废弃物的条件和能力。对当地排水、排污系统应调查清楚,如排水方式、纳污能力、污水去向、纳污地点、距居民区水源距离、能否与农田灌溉系统结合等。鸡场污水要经过处理后再排放,使鸡场不致成为污染源而破坏周围的生态环境。

4. 经济性原则 在选址用地和建设上要考虑资源的稀缺性问题。无论是选地,还是进行建筑建设,都要精打细算,厉行节约。特别是土地资源日益稀缺紧张,节约用地就显得尤为重要。

(二)鸡场的分区与布局

1. 鸡场分区 一般将鸡场分为场前区(包括行政管理用房和职工生活用房)、生产区(生产用房和生产辅助用房)、隔离区(污染源用建筑)。并根据地势的高低、水流方向和主导风向,按人、鸡、污的顺序,将这些区内的建筑设施按环境卫生条件的需要次序给予排列。

(1)场前区 场前区是担负职工生活、鸡场经营管理和对外联系的场区,应设在与外界联系方便的位置。场前区与生产区应加以严格隔离,外来人员只能在场前区活动,不得随意进入生产区。

(2)生产区 生产区是鸡场的核心。因此,对生产区的规划、布局应给予全面、细致的研究。养鸡场内有两条最主要的生产流程线,一条为饲料(库)→鸡群(舍)→产品(库),这三者间联系最频繁,劳动量最大;另外一条流程线为饲料(库)→鸡群(舍)→粪污(场),其末端为粪污处理场。饲料库、蛋库和粪场均要靠近生产区,但不能在生产区内,因为三者都需与场外联系。饲料库、蛋库与粪场为相反的两个末端,所以其平面位置也应是相反方向或偏角的位置。

无论是专业性养鸡场还是综合性养鸡场,为保证防疫安全,鸡舍的布局应根据主风方向与地势,按孵化室、幼雏舍、中雏舍、后备鸡舍、成鸡舍顺序配置。即孵化室在上风方向,成鸡舍在下风方向。这样能使幼雏舍得到新鲜的空气,减少发病机会,同时也能避免由成鸡舍排出的污浊空气造成疫病传播。

孵化室与场外联系较多,宜建在靠近场前区的入口处,大型种鸡场最好在其他位置单建孵化场。

育雏区(或分场)与成年鸡区应有一定的距离,在有条件时,最好另设分场,专养幼雏,以防交叉感染。综合养鸡场两群雏鸡舍功能相同、设备相同时,可放在同一区域内培育,做到全进全出。由于种雏和商品雏繁育代次不同,必须分群分养,以保证鸡群的质量。

(3)隔离区 隔离区是养鸡场粪便等污物集中之处,是环境保护工作的重点。该区应设在全场的下风向和地势最低处,且与其他两区的间距宜大于50米。贮粪场的设置既应考虑鸡粪便于由鸡舍运出,又应便于运到田间施用。病鸡隔离舍应尽可能与外界隔绝,且其四周应有天然的或人工的隔离屏障(如界沟、围墙、栅栏或浓密的乔灌木混合林等),设单独的通路与出入口。病鸡隔离舍及处理病死鸡的尸坑或焚尸炉等设施,应距鸡舍300~500米,且后者的隔离更应严密。

2. 生产区建筑物的布局

(1)鸡舍的朝向 鸡舍的朝向,在我国大部分地区以朝南方向或稍偏西南或偏东南较为适宜。冬季阳光斜射,太阳光可直接射入鸡舍内,有利于鸡舍的保温取暖;夏季阳光直射,太阳高度角大,南向鸡舍阳光直射入鸡舍少,有利于防暑。

(2)鸡舍间距　鸡舍间距指两栋鸡舍之间的距离。原则上应使南排鸡舍在冬季不遮挡北排鸡舍的日照,具体计算时一般以保证在冬至日上午9时至下午15时这6个小时内,北排鸡舍南墙有满日照。这就要求南、北两排鸡舍间距不小于南排鸡舍的阴影长度。在北京市,鸡舍间距约需2.5倍舍高;在黑龙江省的齐齐哈尔市则需3.7倍舍高;在江苏省,约需1.5~2倍舍高。有关数据表明,距鸡舍排风口10米处,每立方米空气中细菌含量在4 000个以上,而20~30米处为800~500个,减少87.5%~80%。因此,一般防疫要求鸡舍的间距应是檐高的3~5倍,开放式鸡舍应为5倍,密闭式鸡舍应为3倍。为了减少占地面积,同时满足场区排污效果的需要,可使鸡舍的长轴与主导风向夹角为30°~60°,鸡舍间距应是檐高的1.3~1.5倍。

3. 场内道路

为了场区的环境卫生和防止污染,生产区的道路应区分为运送饲料、产品和用于生产联系的净道,以及运送粪便污物、病、死鸡的污道。净道和污道绝不能混用或交叉,以利卫生防疫。

(三)鸡舍建筑设计

1. 鸡舍建筑的基本要求

(1)保温防暑性能好　鸡只个体较小,但其新陈代谢旺盛,体温也比一般家畜高。因此,鸡舍温度要适宜,不可骤变。尤其是1日龄至4周龄的雏鸡,由于调节体温和适应低温的功能不健全,在育雏期间受冷、受热或过度拥挤,常易引起大批死亡。

1日龄至4周龄雏鸡的适宜温度为35℃~21℃。夜间停止光照后,要提高舍温1℃~2℃。黄羽肉鸡种鸡产蛋的适宜温度是13℃~25℃。温度超过28℃以上时,鸡的产蛋量、蛋重、饲料转化比及蛋壳厚度均下降;29℃以上时,产蛋率下降,鸡因受热而变得衰弱;舍温超过35℃,种鸡可能发生中暑,甚至死亡;温度低至-9℃时,鸡冠开始冻伤。青年鸡舍一般认为适宜温度在21℃~25℃之间。

(2)空气调节良好　鸡舍规模无论大小,都必须保持空气新鲜,通风良好。由于鸡的新陈代谢旺盛,每千克体重所消耗的氧气量是其他动物的2倍,所以必须根据鸡舍的饲养密度,相应增加空气的供应量。尤其是在饲养密度过大的鸡舍中,如果通风不良,氨、二氧化碳及硫化氢等有害气体迅速增加,这些有害的气体会由气囊侵入鸡体内部,影响鸡体的发育和产蛋,并能引起许多疾病。

鸡舍内保持适当通风换气量及气流速度的主要作用:一是控制舍温;二是有利于鸡体散热;三是排除鸡体呼出和排泄的水分;四是清除有害气体以维持空气新鲜。一般鸡舍可采用自然通风换气方式,利用窗户作为通风口。如鸡舍跨度较大,可在屋顶安装通风管,管下部安装通风控制闸门,通过调节窗户及闸门开启的大小来控制通风换气量。密闭式鸡舍须用风机进行强制通风,其所起的换气、排湿、降温等作用更为显著和必要。

(3)光照充足　光照分为自然光照和人工光照。自然光照主要对开放式鸡舍而言,充足的阳光照射,特别是冬季可使鸡舍温暖、干燥和消灭病原微生物等。因此,利用自然采光的鸡舍首先要选择好鸡舍的方位,朝南向阳较好。其次,窗户的面积大小也要适当,黄羽肉鸡种鸡鸡舍窗户与地面面积之比以1∶5为好,黄羽肉用仔鸡舍则相对小一些。

(4)便于冲洗、排水和消毒 为了有利于防疫消毒和冲洗鸡舍的污水排出,鸡舍内地面要比舍外地面高出 20～30 厘米。鸡舍周围应设排水沟,舍内应做成水泥地面,四周墙壁离地面至少有 1 米的水泥墙裙。鸡舍的入口处应设消毒池。通向鸡舍的道路要分为运料清洁道和运粪脏道。有窗鸡舍窗户要安装铁丝网,以防止飞鸟、猫、鼠等进入鸡舍,引起鸡群应激和传播疾病。

2. 鸡舍的建筑形式 建筑鸡舍应适合本地区的气候条件,要科学合理,因地制宜,就地取材,降低造价,节省能源,节约资金。

鸡舍的主要形式有两大类:一类是普通的有窗开放式鸡舍,目前大多数鸡舍属此种类型;另一类是无窗密闭式鸡舍,现代化大型鸡场多倾向于修建此种鸡舍。

开放式鸡舍也有多种形式,在我国南方炎热的地区,往往修建只有简易顶棚而四壁全部敞开的鸡舍。有的地区修建三面墙、南向敞开的鸡舍。其他地区常见的是南墙留大窗户、北墙留小窗的有窗鸡舍,南面设或不设运动场(图 4-1)。该鸡舍的跨度一般为 6～8 米,夏季通风较好。墙高 2 米即可,气温较高的地区房舍以高为好。长度常依地势、地形、饲养数量而定。屋顶多为双坡式。这种鸡舍的优点是:设备上投资较少,对设计、建筑材料、施工等要求及其管理均较简单;在有运动场和喂给青饲料的条件下,对饲料要求并不很严格。鸡只由于经常活动,受到自然环境的锻炼适应性较强,体质也较强健。该鸡舍在气候温和或较炎热的地区比较适合,对于一般的中、小型鸡场和养鸡专业户也易于建造。中型笼养种鸡场也可采用此种类型的鸡舍。其缺点是:鸡只的生理状况与生产力受自然环境影响较大;因属开放式管理,鸡只通过空气、土壤、昆虫等多种途径感染疾病的机会增多；如有运动场,则占地面积较大,用工较多。

密闭式鸡舍一般用隔热性能良好的材料构建房顶与四壁(图4-2)。设有在停电时才开启的应急用窗,没有一般用以透光、通风的普通窗户。用可调节通风量的风机在一定范围内控制舍内的温、湿度和空气中有害气体的浓度。由于实行强制通风,房舍跨度可达12米左右。用人工照明控制光照时间和强度。气温较高

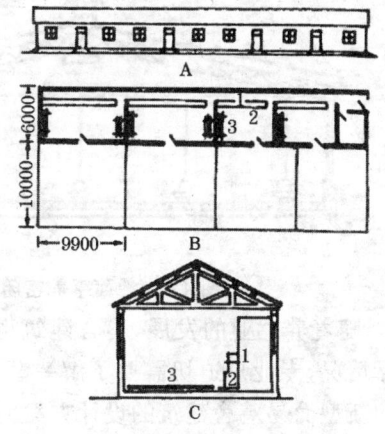

图4-1　开放式鸡舍示意图(单位:毫米)
A. 正面　B. 横截面　C. 纵截面
1. 走道　2. 产蛋箱　3. 网床

的地区要有简单的空气冷却等降温设备,一般地区在炎热季节采取降温措施。寒冷季节一般不供暖,靠保持鸡体散发的热量,使舍内温度维持在一个比较适宜的范围之内。这种鸡舍的优点是:减少严冬、盛夏季节及风雨等恶劣天气对鸡群的影响,生产的季节性不明显,并有可能维持较高、较稳定的生产水平。鸡舍密闭与鸡群的封闭饲养,可以有效地防止病原微生物的传染。由于鸡舍不设运动场,因而缩小了各栋鸡舍间的距离(一般也不应少于15～20米),减少了占地面积。密闭饲养和粪便集中处理,使环境污染与苍蝇危害等问题也较易于解决。这种鸡舍的缺点是:建筑和设备投资费用高,要求

较高的建筑标准和性能良好而稳定的附属设备;必须供给鸡群全价饲料;耗费电力较多;一定要有稳定可靠的电力供应。

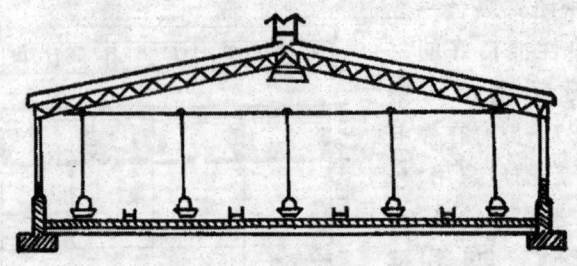

图 4-2 地面平养密闭式鸡舍

随着养鸡业的发展,鸡舍建筑也应随之跟上,根据农村实际情况,专业户迫切需要了解一些适于集约饲养的经济实用的新型简易鸡舍建筑的设计方案。这里介绍几种供参考。

(1)组合式自然通风笼养种鸡舍 这种鸡舍采用金属框架,夹层纤维板块组合而成(图4-3)。吊装顶棚,水泥地面。鸡舍南北墙上部全部敞开无窗扇,形成与舍长轴同样长的窗洞,下部为同样长的出粪洞口。粪口冷天封闭,上下部孔洞之间设有侧壁护板,窗洞以复合塑料编织布做成内外双层卷帘,以卷帘的启闭大小调节舍内气温和通风换气。

(2)敞开式无窗鸡舍 该鸡舍为砖瓦结构,金属框架,石棉瓦做屋面,石棉板吊顶,砖铺地面(图4-4)。南北墙上部与舍长轴等长敞开无窗,下部设进、出风洞。敞开部分采用复合塑料编织布做卷帘。地面或网上饲养黄羽肉鸡或黄羽肉种鸡。

(3)舍棚连接简易鸡舍 该鸡舍系鸡舍与塑料棚连接组合而成(图4-5)。结构简单,取材容易,投资少,较实用,每平方米可养黄羽肉鸡种鸡8只。晚间鸡进舍休息,白天在棚内

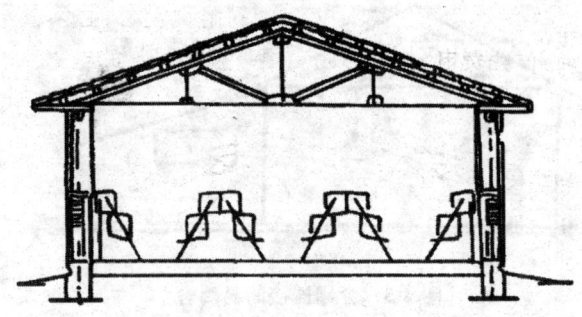

图 4-3 组合式自然通风笼养种鸡舍

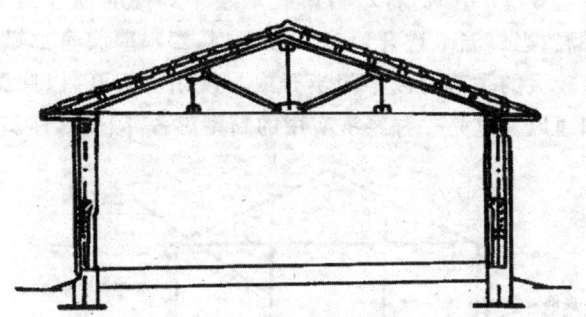

图 4-4 敞开式无窗鸡舍

采食、饮水、活动。该鸡舍的突出特点是有利于寒冷季节防寒保温。饲养 200～500 只黄羽肉种鸡的专业户可参考选用。

(4)笼舍结合式塑料鸡棚 该鸡舍将简易鸡笼同鸡棚连接成为一体,寒冷季节采用塑料薄膜覆盖(图 4-6)。它以角铁、钢筋混凝土预制柱或砖墩、木桩、竹竿做立柱和纵横支架,用竹片或铁丝网做成笼底(像兔笼底),铁丝或小竹竿等做栏栅,栏栅外侧挂食槽、水槽。笼体双列,中间为人行道,便于饲养员操作。笼的上部架起双坡屋顶,以草和泥或石棉板覆盖,

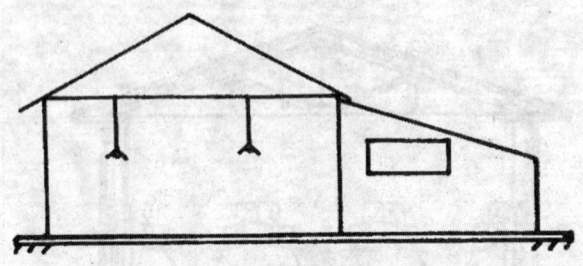

图 4-5　舍棚连接简易鸡舍

借以避雨遮阴。若要多养鸡,也可以垂直架设2~3层笼。当气温降至8℃以下时,将塑料薄膜从整个鸡棚的顶部向下罩住以保温;当气温平均升到18℃以上时,塑料薄膜全部掀开;在温差较大的季节可以半闭半开或早晚闭白天开,以此调节气温和通风。这是一种经济实用的新型鸡舍,颇受欢迎。

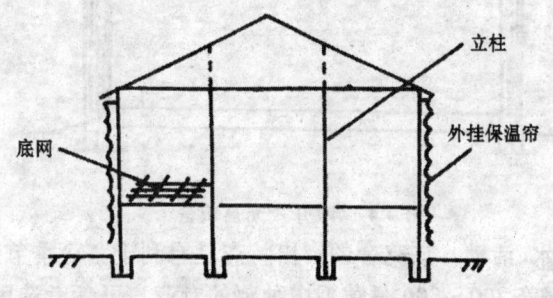

图 4-6　笼养结合式塑料鸡棚

二、饲养设备

黄羽肉鸡的饲养设备主要包括供暖加温、供水饮水、给料、防暑降温等设备。

(一)供暖加温设备

雏鸡在育雏阶段,尤其是寒冷的冬天以及早春、晚秋都要增加育雏舍的温度,以满足雏鸡健康生长的基本需要。供暖加温设备有好多种,养鸡场、养鸡户可根据当地的热源(煤、电、煤气、石油等)选择某一供暖设备来增加育雏温度。特别是初养鸡户,要力争做到少花钱、养好鸡、争赢利。下面介绍几种保暖设备和加温方法供选择使用。

1. 煤炉 煤炉可用铁皮制成,或用烤火炉改制。炉上应有铁板制成的平面炉盖。炉身侧上方留有出气孔,以便接上烟囱通向室外,排出煤烟及煤气。煤炉下部侧面,在出气孔的另一侧面,留有一个进气孔,并有铁皮制成的调节板,由进气孔和出气管道构成吸风系统,由调节板调节进气量以控制炉温,炉管的散热过程就是对舍内空气的加温过程。炉管在舍内应尽量长些,也可在1个煤炉上加2根出气管道通向舍外,炉管由炉子到舍外要逐步向上倾斜,到达舍外后应折向上方且超过屋檐为好,以利于煤气的排出。煤炉升温较慢,降温也较慢,所以要根据舍温及时更换煤球和调节进风量,尽量不使舍温忽高忽低。它适用于小范围的加温育雏,在较大面积的育雏舍,常用保姆伞来增加雏鸡周围的环境温度。

2. 火炕 将炕直接建在育雏舍内,烧火口设在北墙外,烟囱在南墙外,要高出屋顶,使烟畅通。火炕由砖或土坯砌成,一般可使整个炕面温暖,雏鸡可在炕面上按照各自需要的温度自然而均匀地分布。

3. 电热保姆伞 可用铁皮、木板或纤维板制成,也可用钢筋管架和布料制成,内面加一层隔热材料。伞的下部用电热丝、电热板或远红外线灯加热,外加一个控温装置,可根据需要按事先制定的温度范围自动控制温度。目前电热保姆伞的典型产品有浙江、上海等地生产的成型产品,每个2米直径的伞面可育500只雏鸡。伞的下缘要留10~12厘米的空隙,让雏鸡自由进出。离保姆伞周围约40厘米处加20~30厘米高的围篱,防止雏鸡离开保姆伞而受冻,7天以后取走围篱。冬天使用电热保姆伞育雏,需用火炉增加一定的舍温。

4. 立体电热育雏笼 一般为4层,每4个笼为1组,每个笼宽60厘米、高30厘米、长110厘米,笼内装有电热板或电热管为热源。立体电热育雏笼饲养雏鸡的密度,开始每平方米可容纳70只,随着日龄的增加和雏鸡的生长,应逐渐减少饲养数量,到20日龄应减少到50只,夏季还应适当减少。

5. 暖风机 主要由进风道、热交换器、轴流风机、混合箱、供热恒温控制装置、主风道组成。通过热交换器的通风供暖方式,它一方面使舍内温度均匀,空气清新,另一方面效益也不错,节能效果显著,是目前供暖效果最好的设备。

6. 热风炉 主要由热风炉、轴流风机、有孔热风管、调节风门等组成。热风炉是供暖设备系统的主体设备,它是以空气为介质,以煤为燃料的手动式固定火床炉,它向供暖空间提供洁净热空气。该设备结构简单,热效率高,送热快,成本低。

(二)供水饮水设备

1. 水箱 鸡场水源一般用自来水或水塔里的水,其水压较大。采用普拉松自动饮水器、乳头式或杯式饮水器均需较低的水压,而且压力要控制在一定的范围内。这就需要在饮水管路前端设置减压装置,来实现自动降压和稳压的技术要求。水箱是使用最普遍的减压装置,它制造简便,并且在饮水中加入药物或疫苗也很方便。

水箱采用无毒塑料制成,也可用铝板、镀锌板制作而成(图4-7)。

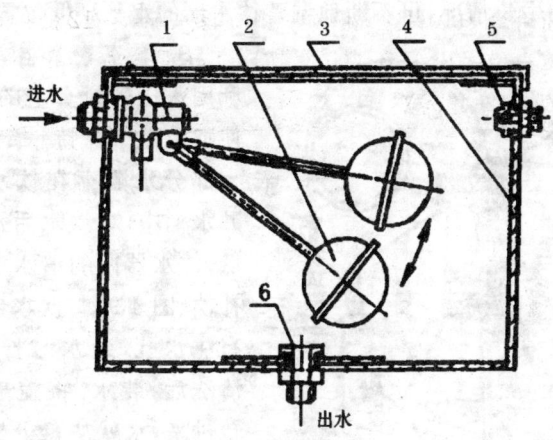

图 4-7 水 箱
1. 浮球阀 2. 浮子 3. 箱盖
4. 箱体 5. 溢水孔 6. 出水孔

水箱利用浮球阀来控制水面高度,浮子随水箱内水位的高度而升降,同时控制着进水阀门(浮球阀)的开关,当水位达到预定高度时,自动关闭浮球阀,停止进水,这样即自动控制了水箱内的水位。水箱所置高度应使饮水器得到所需的水压。水箱底部装设排水开关,便于经常清洗,排除水箱里的污垢杂质。

2. 吊塔式饮水器(普拉松自动饮水器) 主要用于平养鸡舍,它可自动保持饮水盘中有一定的水量,其总体结构如图4-8。饮水器通过吊攀用绳索吊在天花板或固定的专用铁管上,顶端的进水孔用软管与主水箱管相连接,进来的水通过控制阀门流入饮水盘供鸡饮用。为了防止鸡在活动中撞击饮水器而使水盘的水外溢,给饮水器配备了防晃装置。在悬挂饮水器时,水盘环状槽的槽口平面应与鸡体的背部等高。根据鸡群的生长情况,可不断地调整饮水器的水平高低位置。

3. 真空饮水器 它是利用水压密封真空的原理,使饮水盘中保持一定水位,大部分水贮存在饮水器的贮水桶中,鸡饮水后水位降低,饮水器内的清水能自动补偿(图4-9)。饮水器盘下有注水孔,装水时拧下盖,清洗后,装水,将盖盖上翻转过来,水就从盘上桶边的注水孔流出直至淹没了小孔,桶里的水就不再往外流了。鸡喝多少就流出多少,保持水平面,直至饮水用光为止。目前市场上销售的真空饮水器型号较多,有2千克、2.5千克、3千克、4千克、5千克等型号。2千克和2.5千克的饮水器适用于3周龄以内的雏鸡用,大于3千克的饮水器适用于3周龄以上的仔鸡、育成鸡及种鸡用。

图4-8 吊塔式饮水器
1. 底盘密封盖 2. 饮水盘
3. 吊扣 4. 进水管

4. 常流水水槽 大部分用于笼养鸡舍。这种水槽由水槽、封头、中间接头、下水管接头、控水管、橡胶水塞等构成。水槽长度可根据鸡舍或笼架长度安装。一端进水,一端排水。这种供水方式,每天需要刷洗水槽,由于是常流水,水浪费较多,也不利于防疫卫生,近年来已越来越多地被自动乳头饮水器所取代。

5. 乳头饮水器 乳头饮水器因其端部有乳头状阀杆而得名。随着技术的革新,乳头饮水器的密封性能在原有基础上大为好转,乳头漏水现象很少出现,这样有利于舍内的干燥,使禽舍内卫生环境进一步得到改善。全密封式装置水线确保了供水的新鲜、洁净,杜绝了外界污染,防止疫病的传播,减少了疾病的发生率。乳头饮水器的用水量只为常流水水槽的1/8左右。乳头饮水器的构造及类型见图4-10。

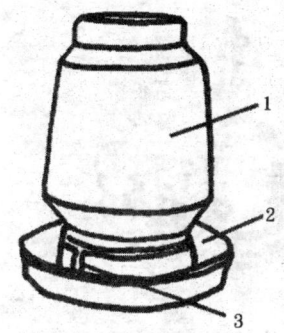

图4-9 真空饮水器
1. 贮水桶 2. 饮水盘
3. 注水孔

6. 自制饮水器

(1) 自制雏鸡用饮水器 可用玻璃罐头瓶、雪碧瓶或玻璃杯和盘子制作。方法是:将杯或瓶口,用钳子剪去一小块,形成一个小缺口,使用时将瓶内装满水,扣上盘子,一手托住瓶底,一手压住盘底,翻转180°,使杯或瓶倒立在盘里,水从缺口处流出,直到淹没缺口自动停止(图4-11)。

(2) 自制中雏或大鸡饮水盆 用

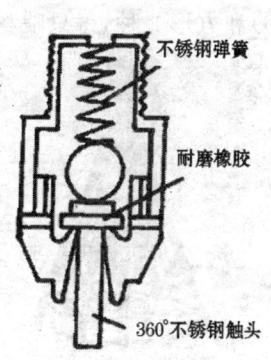

图4-10 乳头饮水器

一个搪瓷盆或塑料盆装水,将若干根竹竿或小木棍上端捆扎在一起,下面等距离地将棍子架设在盆的周围(图4-12)。鸡只能从棍子的间隙中伸头饮水,却不能进入盆内,从而保持饮水清洁。

图 4-11　自制雏鸡饮水器

(三)给料设备

1. 雏鸡喂料盘　主要供开食及育雏早期(0~2 周龄)使用。市场上销售的优质塑料制成的雏鸡喂料盘有圆形(图 4-13)和方形 2 种,每只喂料盘可供 80~100 只雏鸡使用。

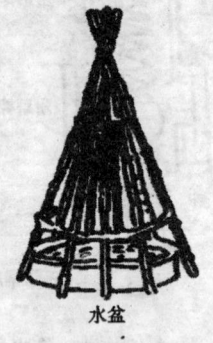

水盆

图 4-12　自制大鸡饮水盘　　　图 4-13　雏鸡料盘

2. 饲料桶　供 2 周龄以后的仔鸡或大鸡使用。饲料桶由一个可以悬吊的无底圆桶和一个直径比桶略大些的浅圆盘所组成,桶与盘之间用短链相连,并可调节桶与盘之间的距离。圆桶内能放较多的饲料,饲料可通过圆桶下缘与底盘之间的间隙距离自动流进底盘内供鸡采食。目前市场上销售的饲料桶有 4~10 千克的好几种规格(图 4-14)。这种饲料桶适用于地面垫料平养或网上平养。饲料桶应随着鸡体的生长而提高悬挂的高度。饲料桶圆盘上缘的高度与鸡站立时的肩高相平就可。料盘的高度过低时,因鸡挑食而溢出饲料,造成浪费;料盘过高,则影响鸡的采食,影响生长。

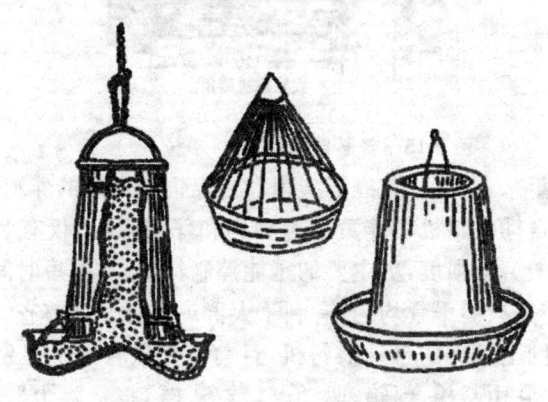

图 4-14 简易悬吊式圆桶给料器

3. 食槽 适用于笼养黄羽种鸡和平养仔鸡。平养仔鸡使用的食槽要求方便采食,不浪费饲料,不易被粪便、垫料污染,坚固耐用,方便于清洗和消毒。一般采用木板、镀锌板和硬塑料板等材料制作。所有食槽边口都应向内弯曲,以防止鸡采食时挑剔将饲料溢出槽外。食槽的形状如图 4-15。根据鸡体大小不同,食槽的高和宽有差别,雏鸡食槽的口宽 10 厘米左右,槽高 5~6 厘米,底宽 5~7 厘米;大雏或成鸡用的口宽 20 厘米左右,槽高 10~15 厘米,底宽 10~15 厘米,长度 1~1.5 米。为防止鸡只踏入槽内弄脏饲料,可在槽口上方安装一根能转动的木棍,也可采用8号铁丝穿上竹管制成。

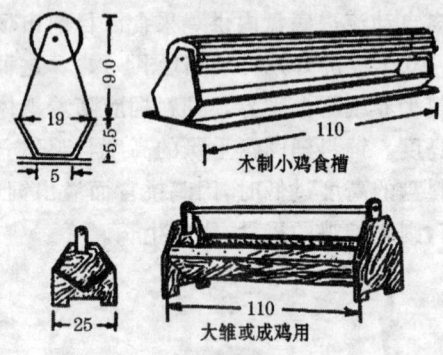

图 4-15 普通自制食槽 (单位:厘米)

近年来,具有一定经济实力和一定饲养规模的养鸡户,逐渐采用自动喂料机喂养黄羽肉种鸡和仔鸡,这不仅有利于减轻给料的劳动强度,更主要的是能控制料量,并在短时间内上完料,使每只鸡采食均匀,有利于大群鸡生长发育整齐。地面平养或网上饲养的自动喂料机,目前使用最普遍的是链板式喂料机,它由料槽、料箱、驱动器、链条、转角器、除尘器、料槽支架等部分组成(图 4-16)。饲料从料箱中靠链条运到料槽中,每只鸡所需的槽位 10～12 厘米(计算时按料槽的两边长度加起来的伸延长度计算)。根据鸡舍的面积和饲养鸡只数,算出需要料槽长度和安装料槽列数。一台喂料机可装 2 列或 4 列料槽。料槽边口上安装栖架,一是喂料运行速度较快,快速喂料机运行 18～30 米/分,以防鸡只跑进料槽内而被损伤;二是防止鸡栖息在料槽上拉粪而污染料槽。喂料机由定时开关控制,能间隔一定的时间循环运转。

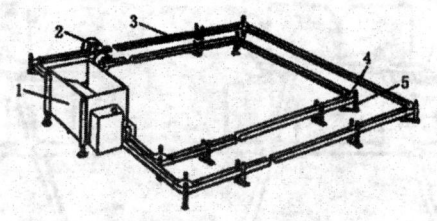

图 4-16　9WL-42P 链式喂料机

(四)鸡　笼

1. 育雏笼　为了节省鸡舍面积和便于加热等管理,育雏笼多采用重叠式。现介绍某工厂生产的 4 层重叠育雏鸡笼。单只笼体的长×宽×高为 100 厘米×50 厘米×30 厘米,笼脚高 15 厘米,笼间距离 14 厘米。笼侧壁、后壁网孔为 25 毫米×25 毫米,笼底网孔为 12.5 毫米×12.5 毫米,笼门间隙可调。4 层笼总高度为 1.86 米。每层单笼可容纳幼雏 20 只,每只雏鸡占笼面积 250 平方厘米。

2. 育成鸡笼　育成鸡笼与种鸡笼基本相同。其单体笼长×宽×高为 80 厘米×40 厘米×40 厘米,侧壁网孔为 25 毫米×25 毫米,笼底网孔为 40 毫米×40 毫米,笼前设有 2 个门,每个笼门宽 37 厘米,门栅间隙为 40 毫米×45 毫米,每笼饲养 10 只育成鸡,每只鸡占笼面积为 320 平方厘米。为了转群方便,一般采用综合式或半阶梯式鸡笼。

3. 种鸡笼　黄羽肉鸡种母鸡笼单体规格,一般前高 450 毫米,后高 400 毫米,笼深 400 毫米,集蛋槽伸出笼外 160 毫米,笼底坡度为 8°～10°(图 4-17)。每只鸡的采食宽度为 100～110 毫米,1 笼 2 只鸡。种公鸡笼与母鸡笼相似,公鸡笼高度和深度比母鸡大一些,没有集蛋槽(图 4-18)。

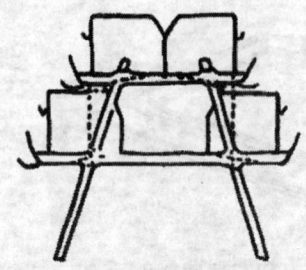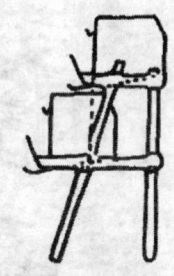

图 4-17　9LR2-232 型黄羽肉鸡种母鸡笼

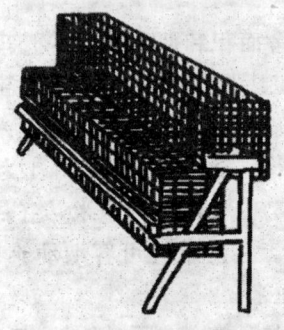

图 4-18　9LG-216 型黄羽肉鸡种公鸡笼

笼的侧壁和后壁,用直径 2~2.5 毫米钢丝做成网格,经向用粗丝排在外侧,间距 100~200 毫米,纬向用细丝排在内侧,间距 30 毫米,可防止鸡隔笼互啄。笼底宜用 2.5~3 毫米钢丝,纬向用细丝排在底下,间距 50~60 毫米,经向用粗丝排在上面,间距 22~25 毫米。这样排列,使鸡产出的蛋容易滚到集蛋槽上。笼门高 400 毫米,用 3 毫米钢丝做垂直栏栅,间距 50~60 毫米,其下沿至底网留 45 毫米间隙,让蛋滚出,有的加上护蛋板,防止鸡啄蛋,造成经济损失。种鸡笼养,人工喂料,人工授精,种蛋受精率可达 95% 以上。

4. 黄羽肉鸡笼 肉鸡笼构造与蛋鸡笼构造基本相同,只不过笼底不需集蛋槽装置。其单体规格为:高350～400毫米,深540～600毫米,宽700～900毫米,可容纳黄羽肉用仔鸡12～15只。笼底网眼,幼雏为10毫米×10毫米,中雏为18毫米×28毫米。目前,为了克服因笼底坚硬而引起肉鸡胸部炎症,多采用优质塑料制成肉鸡笼底,雏鸡从进笼直到送屠宰场,不需再转笼,省去捉鸡的麻烦,也避免了一些应激因素。

经济条件比较好的专业户,可向工厂直接订购鸡笼。在乡镇企业比较发达的地方,往往有比较多的适宜于做鸡笼的工业产品边角料,按照自己的需要,自制鸡笼。但要求点焊细致、光滑、牢固,尤其要注意,鸡笼内侧不可带刺,以防伤鸡。家有木条、竹条的朋友,也可用这些材料自制鸡笼,同样能养好鸡。

5. 大鸡周转笼 可用钢筋焊成支架和四周边框,再用16号或14号铁丝围绕支架和边框编织成网,规格一般为80厘米×60厘米×30厘米,可装1.5千克的成鸡30只。市场上有塑料大鸡周转箱(笼)销售。商品肉鸡场、种鸡饲养场都需要配备。

(五)降温设备

鸡舍温度在18℃～28℃之间为肉鸡生长和种鸡产蛋最适宜的环境温度,超过28℃肉鸡生长受阻,种鸡产蛋量下降,甚至发生中暑死亡。每年夏季在高温来临之前应该做好防暑降温的准备工作。鸡舍降温设备主要有以下几种。

1. 吊扇和圆周扇 吊扇和圆周扇置于顶棚或墙内侧壁上,将空气直接吹向鸡体,从而在鸡只附近增加气流速度,促进了蒸发散热。吊扇与圆周扇一般作为自然通风鸡舍的辅助设备,安装位置与数量视鸡舍情况和饲养数量而定。

2. 轴流式风机 这种风机所吸入和送出的空气流向与风机叶片轴的方向平行,轴流式风机的特点是:叶片旋转方向可以逆转,旋转方向改变,气流方向随之改变,而通风量不减少。轴流式风机有多种型号,可在鸡舍的任何地方安装。

轴流式风机主要由叶轮、集风器、箱体、十字架、护网、百页窗和电机组成。

3. 湿帘-风机降温系统 湿帘-风机降温系统由 IB 型纸质波纹多孔湿垫、低压大流量节能风机、水循环系统(包括水泵、供回水管路、水池、喷水管、滤污网、溢流管、泄水管、回水拦污网、浮球阀等)及控制装置组成。

湿帘-风机降温系统一般在密闭式鸡舍里使用,卷帘鸡舍也可以使用,使用时将双层卷帘拉下,使敞开式鸡舍变成密封式鸡舍。在操作间一端南北墙壁上安装湿帘、水循环冷却控制系统,在另一端山墙壁上或两侧墙壁上安装风机。湿帘-风机启动后,整个鸡舍内形成纵向负压通风,经湿帘过滤后冷空气不断进入鸡舍,鸡舍内的热空气不断被风机排出,可降低鸡舍温度 3℃～6℃,这种防暑降温效果比较理想。

4. 自动喷雾降温设备 它是由泵组、水箱、过滤器、输水管、喷头组件、管路及自动控制器组成。一套喷雾降温设备可安装 3 列并联 150 米长的喷雾管路。按一定间距安装喷头,喷头为旋芯式,喷孔直径 0.55～0.6 毫米,雾粒直径在 100 微米以下。当鸡舍温度高于设定温度时,温度传感器将信号传给控制装置,自动接通电路,驱动水泵,水流被加压到 275 千帕时,经过滤器进入舍内管路,喷头开始喷雾,约喷雾 2 分钟后间歇 15～20 分钟再喷雾 2 分钟,如此循环。在舍内相对湿度为 70％时,舍温可降低 3℃～4℃。

(六)消毒设备

1. 火焰消毒器 主要用于鸡群淘汰后喷烧舍内笼网和墙壁上的羽毛、鸡粪等残存物,以烧死附着的病原微生物,尤其是鸡羽毛上的马立克氏病毒。火焰消毒器由手压式喷雾器、输油管总成、喷火器、火焰喷嘴等组成。喷嘴可更换,使用的燃油是煤油或柴油。工作原理是把一定压力的燃油雾化并燃烧产生喷射火焰,靠火焰高温灼烧消毒部位。这种设备结构简单,易操作,安全可靠,消毒效果好,操作过程中要注意防火,最好带防护眼镜。

2. 自动喷雾消毒器 这种消毒器可用于鸡舍内部的大面积消毒,也可作为生产区人员和车辆的消毒设施。用于鸡舍内的固定喷雾消毒(带鸡消毒)时,可沿每列笼上部(距笼顶不少于1米)装设水管,每隔一定距离装设一个喷头。用于车辆消毒时可在不同位置设置多个喷头,以便对车辆进行彻底的消毒。这套设备的主要零部件包括固定式水管和喷头、压缩泵、药液桶等。工作时将药液配制好,使药液桶与压缩泵接通,待药液所受压力达到预定值时,开启阀门,各路喷头即可同时喷出。

3. 高压冲洗消毒器 用于房舍墙壁、地面和设备的冲洗消毒。由小车、药桶、加压泵、水管和高压喷枪等组成。高压喷枪的喷头通过旋转可调节水雾粒度的大小。粒度大时可形成水柱,具有很大的压力和冲力,能将笼具和墙壁上的灰尘、粪便等冲刷掉。粒度小时可形成雾状,加消毒药物则可起到消毒作用。气温高时还可用于喷雾降温。

此外还有畜禽专用气动喷雾消毒器,跟普通喷雾器的工作原理一样,人工打气加压,使消毒液雾化并以一定压力喷射出来,适用于小范围喷雾消毒。

(七)其他设备

1. 断喙器 浙江省鄞县大嵩禽牧设备厂生产的9DQ—2型电动断喙器(图4-19)操作方便,刀片上有大、中、小3个孔。插上电源,开启旋转开关,从1转到6达到最大功率,温度达到600℃~800℃,刀片烧红。断喙时,将待切部分伸入所需的切喙孔内,向上向下动一动,所需断喙的部分被灼热的刀片孔口边缘切去,将喙轻轻在烧热的刀片上按一下,起消毒与止血的作用。同类型的还有9DSH型手提断喙器(图4-20)。断喙器是种鸡场必须购置的专用工具。断喙是减少种鸡育成期和产蛋期啄癖发生的有效措施。

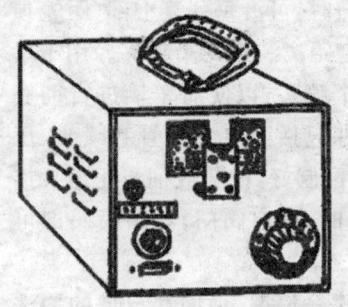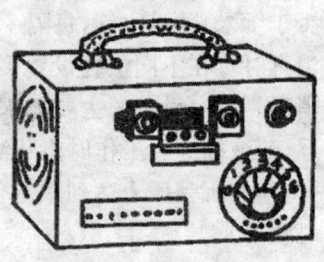

图4-19 9DQ-2型电动断喙器　　图4-20 9DSH型手提断喙器

2. 光照控制器 饲养黄羽肉鸡种鸡的鸡舍必须增加人工光照。一幢鸡舍安装1台自动光照控制器,这样既方便又准时,使用期间要经常检查定时钟的准确性。定时钟一般是由电池供电,定时钟走慢时表明电池电力不足,应及时更换新电池。

3. 产蛋箱 饲养肉用种鸡采用两层式产蛋箱(图4-21),

按4~5只母鸡提供1个箱位。上层的踏板距离地面高度以不超过60厘米为宜,过高鸡不易跳上,而且容易造成排卵落入腹腔。每只产蛋箱大约30厘米宽,30厘米高,36厘米深。在产蛋箱前面有一高6~8厘米的边沿,用以防止产蛋箱内的垫料落出。产蛋箱的两侧及背面可采用栅条形式,以保持产蛋箱内空气流通和有利于散热。产蛋箱前上、下层均设脚踏板,箱内一般放垫料(草或木屑),垫料与粪便容易相混,需及时清理,要增加每日捡蛋次数,防止蛋受污染。

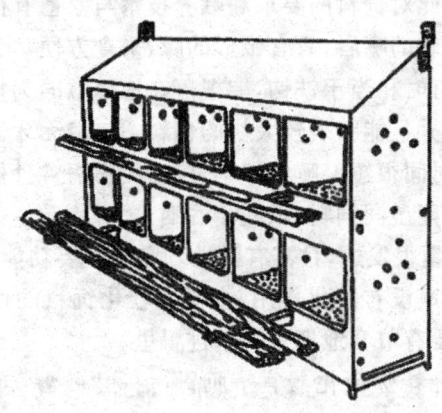

图 4-21 种鸡产蛋箱

第五章 营养与饲料

一、鸡的消化特点

鸡的消化器官(图 5-1)在形态、构造和作用上与家畜有显著不同,因此对饲料的要求和喂养技术与家畜有很大差异。首先,鸡没有软的嘴唇,只有锥形的喙,采食方便,能采食细碎的饲料。喙有时相当于铁钩,能把落在地面上的饲料,轻而易举地衔起来,并且能断裂较大块的饲料。口腔无牙齿,饲料在口腔内停留时间很短。唾液腺不发达,淀粉酶含量很少,消化作用不大,只能湿润饲料,以便于吞咽。

鸡的嗉囊很发达,且富有弹性。它的主要功能是贮存食物,嗉囊分泌液没有消化作用,主要起软化饲料的作用,并且根据胃的需要有节奏地把食物送进胃里。

鸡有一种特殊消化器官——肌胃,俗称"砂囊"或"鸡肫"。肌胃的主体由两片厚实的相对立的侧肌构成,侧肌的末端连接到中央腱膜和两片薄的前后中间肌。

肌胃的肌肉发达,收缩力强,内有一层很坚韧的角质膜,胃内常混有大量砂石,用来代替牙齿磨碎饲料,相当于一盘精制的"小石磨"。若鸡吃不到足够的砂粒,则消化能力下降。因此,在饲养过程中应定期补喂一定量的砂粒。

鸡的小肠由十二指肠、空肠和回肠组成,除十二指肠外,小肠并不存在分界区,故统称小肠,是肠道中最长的部分。

小肠分泌淀粉酶、蛋白酶。胰腺分泌淀粉酶、蛋白酶、脂肪酶,经2根或3根胰管进入十二指肠末端。胆囊分泌胆汁,起中和酸性食糜和乳化脂肪作用,经2根胆管进入十二指肠末端。在这些消化液的共同作用下,将蛋白质分解成氨基酸,将脂肪分解成甘油和脂肪酸,将淀粉分解成单糖。然后,经肠壁吸收后由血液运送到肝脏,再经肝脏的贮存、转化、过滤与解毒作用,运送到心脏,通过血液循环分配到全身组织和器官。

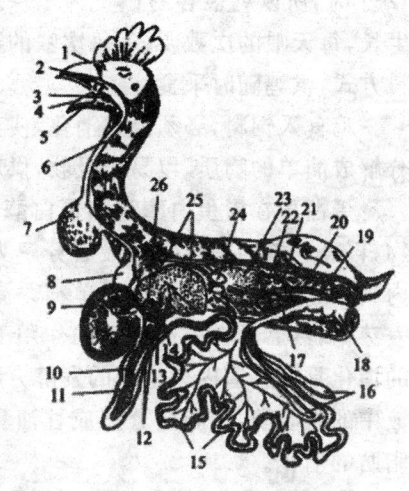

图 5-1　鸡的消化系统

1.鼻孔　2.后鼻孔　3.喉头
4.舌　5.下喙　6.食管　7.嗉囊
8.腺胃　9.肌胃　10.十二指肠　11.胰脏
12.胰管　13.肝胆管　14.总胆管　15.小肠
16.盲肠　17.直肠　18.泄殖腔　19.输尿管
20.输精管　21.肾脏后叶　22.肾脏中叶
23.肾脏前叶　24.睾丸　25.肝脏　26.脾脏

鸡的大肠包括2条发达的盲肠和很短的直肠。由于鸡没有消化纤维的酶,饲料中的粗纤维主要在盲肠中被微生物分解。但小肠内容物只有少量经过盲肠,并且微生物的分解能力也很有限,所以鸡对粗纤维的消化利用比家畜低得多,在饲养过程中应少喂粗饲料。

泄殖腔是大肠末端的连续部分,是消化系统、生殖系统共同汇合的空腔。

鸡的消化道短,饲料代谢快。据试验,饲料排空一般成年鸡和生长鸡只需4小时左右,停产鸡约需8小时,抱窝鸡约需

12小时,所以鸡很容易饿。为了保证鸡的高产、稳产和快速生长,每天喂的次数要多,每次喂的数量要少。最好采取常备料方式,供鸡随时采食。

鸡食入饲料,必须经过消化,使其中所含的各种营养物质分解成简单的物质,以易于吸收,供鸡体新陈代谢所用。

蛋白质在胃蛋白酶和胰蛋白酶的作用下,先形成中间产物,再经肠液的消化作用最后分解为氨基酸。糖类物质在体内吸收之前,首先要分解成单糖。淀粉在唾液作用下转化成麦芽糖,然后再在麦芽糖酶的作用下分解为葡萄糖。纤维素的消化是靠肠道内微生物的发酵分解。脂肪的消化主要靠胰液中的脂肪酶,将脂肪分解成甘油和脂肪酸。胆汁也能促进脂肪的消化。

饲料中剩余的不能消化的部分,与消化液、胆汁、黏液、肠道细菌、肠脱落上皮等混合成粪便,通过泄殖腔排出体外。

二、营养需要

优质黄羽肉鸡生产的主要目的,就是通过饲料给鸡提供平衡而充足的营养物质,使之转化为可供人类食用的优质安全鸡肉。按照常规的分析方法,可将饲料中的营养物质分为水分、蛋白质、碳水化合物、脂肪、矿物质和维生素等6个大类,详见图5-2。这些营养物质对于维持鸡的生命活动、生长发育、产蛋和产肉各有不同的作用。只有当这些营养物质在数量、质量及比例上均能满足鸡的需要时,才能保持鸡体的健康,发挥其最大的生产性能。

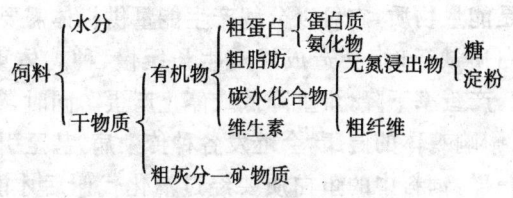

图 5-2 饲料中的营养物质构成

(一) 水 分

水是鸡体的重要组成部分,也是鸡生理活动不可缺少的重要物质,鸡缺水比缺少饲料危害更大。雏鸡体内含水约为75%,成年鸡则含55%以上。鸡体内养分的吸收与运输、废物的排出、体温的调节等都要借助于水才能完成。此外,水还有维持鸡体的正常形态、润滑组织器官等重要功能。鸡如果饮水不足,则会导致食欲下降,饲料的消化率和吸收率降低,生长缓慢,产蛋量减少,严重时可引起疾病甚至死亡。各种饲料都含有水分,但远远不能满足鸡体的需要。所以,在日常饲养管理中必须把水分作为重要的营养物质对待,经常供给清洁而充足的饮水。

(二) 蛋 白 质

蛋白质是鸡体组织的结构物质。鸡体内除水分外,蛋白质是含量最高的物质。蛋白质是鸡体组织的更新物质,机体在新陈代谢中有许多蛋白质被更新,并以尿素或尿酸的形式随尿排出体外。蛋白质还是鸡体内的调节物质,它提供了多种具有特殊生物学功能的物质,如催化与调节代谢的酶和激素,提高抗病力的免疫球蛋白和运输氧气的血红蛋白等。蛋白质还是能量物质,它可以分解产生能量供机体需要。

蛋白质缺乏时,会造成雏鸡生长缓慢,种鸡体重逐渐下降、消瘦,产蛋率下降,蛋重降低或停止产蛋。同时,鸡的抗病力降低,影响鸡体的健康,会继发各种传染病,甚至引起死亡。同能量一样,饲料中的蛋白质要经过消化代谢后才能转化为鸡的产品。形成1千克鸡肉和鸡蛋中的蛋白质,大约分别需要品质良好的饲料蛋白质2千克和4千克。

蛋白质是一种复杂的有机化合物,氨基酸是蛋白质的基本组成单位,蛋白质的品质是由氨基酸的数量和种类决定的。目前,已知饲料中的氨基酸种类有22种。在众多的氨基酸中,有一部分氨基酸在鸡体内能互相转化,不一定要由饲料直接供给,称为非必需氨基酸。另一部分氨基酸则不能由其他氨基酸转化产生,或虽能产生但数量很少、速度太慢,不能满足需要,必须由饲料直接提供,称为必需氨基酸。成年鸡的必需氨基酸约有10种,即赖氨酸、蛋氨酸、色氨酸、苏氨酸、异亮氨酸、亮氨酸、苯丙氨酸、缬氨酸、精氨酸、组氨酸,生长鸡还要加上甘氨酸、酪氨酸及胱氨酸。

饲料中蛋白质不仅要在数量上满足鸡的需要,而且各种必需氨基酸的比例也应与鸡的需要相符。否则,蛋白质的营养价值就低,利用效率就差。

如果饲料中某种必需氨基酸的比例特别低,与鸡的需要相差很大,它就会严重影响其他氨基酸的有效利用,这种氨基酸称为限制性氨基酸。通常按其在饲料中的缺乏程度,分别称为第一、第二限制性氨基酸,其余类推。

常用鸡饲料中最容易成为限制性氨基酸的为蛋氨酸和赖氨酸,其中蛋氨酸为第一限制性氨基酸,赖氨酸为第二限制性氨基酸。配合饲料时,尤其应注意限制性氨基酸的供给和补充,以提高饲料蛋白质的营养价值。由于蛋氨酸在体内能转化为胱氨酸,饲料中如果含胱氨酸比较充足,便能以较少量的蛋氨酸满足鸡的需要。因此,常用蛋氨酸+胱氨酸的总量来表示对这类氨基酸的需要。

(三)碳水化合物

碳水化合物是鸡体最重要的能量来源。鸡的一切生理活动过程都需要消耗能量。能量的单位为焦耳、千焦或兆焦。

由于饲料中所含总能量不能全部被鸡所利用,必须经过消化、吸收和代谢才能释放出对鸡有效的能量。因此,实践中常用代谢能作为制定鸡的能量需要和饲养标准的指标。代谢能等于总能量减去排泄出的粪能、尿能。不同鸡品种及不同生长阶段对代谢能的需要量各不相同。

作为鸡的重要营养物质之一,碳水化合物在体内分解后,产生热量,以维持体温和供给生命活动所需要的能量,或者转变为糖原,贮存于肝脏和肌肉中,剩余的部分转化为脂肪贮存起来,使鸡长肥。当碳水化合物充足时,可以减少蛋白质的消耗,有利于鸡的正常生长和保持一定的生产性能。反之,鸡体就会分解蛋白质产生热量,以满足能量的需要,从而造成对蛋白质的浪费,影响鸡的生长和产蛋。当然,饲料中碳水化合物也不能过多,避免使鸡生长过肥,影响产蛋。

碳水化合物广泛存在于植物性饲料中,动物性饲料中含量很少。碳水化合物可以分为无氮浸出物和粗纤维两类。

无氮浸出物又称可溶性碳水化合物,包括淀粉和糖分,在谷物、块根、块茎中含量丰富,比较容易被消化吸收,营养价值较高,是鸡的热能和肥育的主要营养来源。

粗纤维又称难溶性碳水化合物,其主要成分是纤维素、半纤维素和木质素,通常在秸秆和秕壳中含量最多。纤维素通过消化最后被分解成单糖(葡萄糖)供鸡吸收利用。碳水化合物中的粗纤维是较难消化吸收的,如日粮中粗纤维含量过高,会加快食物通过消化道的速度,也严重影响对其他营养物质的消化吸收,所以日粮中粗纤维的含量应有所限制。但适量的粗纤维可以改善日粮结构,增加日粮体积,使肠道内食糜有一定的空间,还可刺激胃肠蠕动,有利于酶的消化作用,并可防止发生啄癖。但一般认为,鸡消化粗纤维能力较弱,所以鸡的日粮中粗纤维含量以 3%～4% 为宜,不宜过高。

鸡对碳水化合物的需要量,根据年龄、用途和生产性能而定。一般来说,肥育鸡和淘汰鸡应加喂碳水化合物饲料,以加速肥育。雏鸡和留做种用的青年鸡,不宜喂给过多的碳水化合物,避免过早肥育,影响正常生长和产蛋。

(四)脂 肪

脂肪是鸡体细胞和蛋的重要组成原料,肌肉、皮肤、内脏、血液等一切体组织中都含有脂肪,脂肪在蛋内约占 11.2%。脂肪产热量为等量碳水化合物或蛋白质的 2.25 倍。因此,它不仅是提供能量的原料,也是鸡体内贮存能量的最佳形式。鸡将剩余的脂肪和碳水化合物转化为体脂肪,贮存于皮下、肌肉、肠系膜间和肾的周围,能起保护内脏器官、防止体热散发的作用。在营养缺乏和产蛋时,体脂肪分解产生热量,补充能量的需要。脂肪还是脂溶性维生素的溶剂,维生素 A、维生素 D、维生素 E、维生素 K 都必须溶解于脂肪中,才能被鸡体吸收利用。

当日粮中脂肪不足时,会影响脂溶性维生素的吸收,导致生长迟缓,性成熟推迟,产蛋率下降。但日粮中脂肪过多,也会引起食欲不振,消化不良和腹泻。由于一般饲料中都有一定数量的粗脂肪,而且碳水化合物也有一部分在体内转化为脂肪,因此一般不会缺乏,不必专门给予补充。否则,鸡过肥会影响繁殖性能。

需要指出的是,碳水化合物和脂肪都能为鸡体提供大量的代谢能。而生产实践中往往存在对鸡的能量需要量重视不够的现象,尤其是忽视能量与蛋白质的比例及能量与其他营养素之间的相互关系。

国内外大量的试验证明,鸡同其他家禽一样,具有"择能而食"的本能。即在一定范围内,鸡可根据日粮的能量浓度高低,调节和控制其采食量。当饲喂高能日粮时,采食量相对减少,而饲喂低能日粮时,采食量相应增多,由此影响了鸡对蛋白质及其他各种营养物质的摄入量。因此,配制鸡日粮时,必须注意能量和蛋白质及其他营养物质的适宜比例。否则不仅影响营养物质的利用效率,甚至发生营养障碍。但是,鸡的这种调节采食量以满足自身能量需要的能力是有一定限度的。如有试验证明,在使用每千克配合饲料能量水平低于 10.1 兆焦时,鸡的活重和生产性能就会下降得很快;高于 11.7 兆焦时,又会使鸡过肥并停止产蛋。显然,饲料的能量水平要适度。

(五)矿物质

鸡体需要的矿物质有 10 多种,尽管其占机体的含量很少（3%~4%),且不是供能物质,但它是保证鸡体健康、正常生长、繁殖和生产所不可缺少的营养物质。矿物质主要存在于鸡的骨骼、组织和器官中,有调节渗透压、保持酸碱平衡和激活酶系统等作用,又是骨骼、蛋壳、血红蛋白、甲状腺素等的重要成分。如供给量不当或利用过程紊乱,则易发生不足或过多现象,出现缺乏症或中毒症。

通常把鸡体内含量在 0.01% 以上的矿物质元素称为常量元素,小于 0.01% 的称为微量元素。鸡需要补充的常量元素主要有钙、磷、氯、钠;微量元素主要有铁、铜、锌、锰、碘、钴、硒等。这里简要将常量元素介绍如下。

1. 钙和磷 钙和磷是鸡骨骼和蛋壳的主要组成成分,也是鸡需要量最多的两种常量元素。

钙主要存在于骨骼和蛋壳中,是形成骨骼和蛋壳所必需的。如缺钙会发生软骨症,成年母鸡产软壳蛋,产蛋量减少,甚至产无壳蛋。钙还有一小部分存在于血液和淋巴液中,对维持肌肉及神经的正常生理功能、促进血液凝固、维持正常的心脏活动和体内酸碱平衡都有重要作用。但钙过多也会影响雏鸡的生长和对锰、锌的吸收。

雏鸡和青年鸡日粮中钙的需要量为 0.8%~1%,种鸡为 2.5%~3.5%。日粮中钙的含量过多或过少,对鸡的健康、生长和产蛋都有不良影响。

磷除与钙结合存在于骨组织外,对碳水化合物和脂肪的代谢以及维持机体的酸碱平衡也是必要的。鸡缺磷时,食欲减退,生长缓慢,严重时关节硬化,骨脆易碎。产蛋鸡需要磷多些,因为蛋壳和蛋黄中的卵磷脂、蛋黄和蛋白中都含有磷。磷在饲料营养标准和日粮配方中有总磷与有效磷之分。禽类对饲料中磷的吸收利用率有很大出入,对于植物饲料来源的磷,吸收利用不好,大约只有 30% 可被利用;对于非植物来源的磷(动物磷、矿物磷)可视为 100% 有效。所以,家禽的有效磷=非植物磷+植物磷×30%。鸡对日粮中有效磷的需要量,雏鸡为 0.45%,种鸡为 0.41%。

维生素 D 能促进鸡对钙、磷的吸收。维生素 D 缺乏时，钙和磷虽然有一定数量和适当比例，但是产蛋鸡也会产软壳蛋，生长鸡也会引起软骨症。此外，饲料中的钙和磷（有效磷）必须按适当比例配合才能被鸡吸收、利用。一般雏鸡的钙与磷（有效磷）比例应为 1～2：1，产蛋鸡应为 4～6：1。钙在骨粉、蛋壳、贝壳、石粉中含量丰富，磷在骨粉、磷酸氢钙及谷物、糠麸中含量较多。鸡在散养条件下，一般不会缺钙，但应注意补饲些骨粉或磷酸钙，以满足对磷的需要。

2. 氯和钠　通常以食盐的方式供给。氯和钠存在于鸡的体液、软组织和蛋中。其主要作用是维持体内酸碱平衡；保持细胞与血液间渗透压的平衡；形成胃液和胃酸，促进消化酶的活动，帮助脂肪和蛋白质的消化；改进饲料的适口性，促进食欲，提高饲料利用率等。缺乏时，会引起鸡食欲不振，消化障碍，脂肪与蛋白质的合成受阻，雏鸡生长迟缓，发育不良，成鸡体重减轻，产蛋率和蛋重下降，有神经症状，死亡率高。

氯和钠在植物性饲料中含量少，动物性饲料中含量较多，但一般日粮中的含量不能满足鸡的需要，必须给予补充。鸡对食盐的需要量为日粮的 0.3%～0.5%，喂多了会引起中毒。当雏鸡饮水中食盐含量达到 0.7% 时，就会出现生长停滞和死亡；产蛋鸡饮水中食盐的含量达 1% 时，会导致产蛋量下降。因此，在鸡的日粮中添加食盐时，用量必须准确。特别要注意的是，鱼粉等海产资源也含有食盐。如果饲粮中补了食盐，又用了咸鱼粉，饮水又不足，易发生食盐中毒。

（六）维 生 素

维生素的主要作用是调节机体内各种生理功能的正常进行，参与体内各种物质的代谢。鸡对维生素的需要虽少，但它们对维持生命功能的正常进行、生长发育、产蛋量、受精率和孵化率均有重大影响。

鸡所需的维生素有 14 种,根据其特性,可分为脂溶性和水溶性两类。

脂溶性维生素有维生素 A、维生素 D、维生素 E、维生素 K。水溶性维生素有维生素 B_1、维生素 B_2、泛酸、烟酸、维生素 B_6、胆碱、生物素、叶酸、维生素 B_{12} 和维生素 C。

目前所用的各种饲料,除青饲料外,所含维生素不能满足鸡的需要,所以鸡场要有一定的青绿饲料供给,或使用维生素添加剂来补充维生素的不足。

此外,鸡在逆境因素(转群、拥挤、预防接种、高温、潮湿、运输等)的刺激下,对某些维生素的需要量成倍增长,因此在生产中要根据具体情况来决定给予量。

当维生素缺乏时,会引起相应的缺乏症,造成代谢紊乱,影响鸡只的健康、生长、产蛋及种蛋的孵化率,严重的可导致鸡只死亡。

维生素衡量单位多以毫克/千克表示,有几项是用单位(U)表示的。换算公式如下:维生素 A:1U=0.34 毫克维生素醋酸盐=0.3 微克维生素 A 醇=0.6 微克 β-胡萝卜素;

维生素 D_3 1U=0.025 微克维生素 D_3=30U 维生素 D_2;

维生素 E 1U=1 毫克 DL-α 生育酚醋酸盐=1.49 毫克生育酚;

维生素 B_{12} 1U=3 微克;维生素 B_2 1U=0.25 微克。

三、常用饲料原料

鸡体如同一台活的机器,其原料就是各种饲料,经过机体的复杂转化,最后得到营养丰富的各类鸡产品。由于各种饲料所含营养物质的量和比例都有很大差别,且任何一种饲料所含养分均不能完全满足鸡体的需要,所以,了解并掌握各类饲料的营养特性,合理配制和利用饲料,是实现科学养鸡、提高饲养水平、缩短饲养周期、节约饲料、降低成本、增加鸡产品数量和质量的重要环节。

按照饲料的营养特性,可将优质黄羽肉鸡的常用饲料分为青绿饲料、能量饲料、蛋白质饲料、矿物质饲料、维生素饲料及添加剂饲料等6大类。

(一)青绿饲料

天然水分含量在60%以上的青绿饲料均属此类。青绿饲料具有养分比较全面、来源广泛、容易消化、成本低廉的优点,是优质地方鸡放养阶段常用饲料。

青绿饲料种类极多,且都是植物性饲料,富含叶绿素。主要包括天然牧草、栽培牧草、蔬菜类饲料、作物茎叶、水生饲料、青绿树叶、野生青绿饲料等。其特点是含水量高,能量低。一般水分含量在75%~90%,每千克仅含代谢能1 255.2~2 928.8千焦。粗蛋白质含量高,一般占干物质重的10%~20%。而且粗蛋白质品质极好,含必需氨基酸比较全面,生物学价值高。维生素,尤其是胡萝卜素含量丰富,每千克可含50~60毫克,高于其他种类的饲料。钙、钾等碱性元素含量丰富,豆科牧草含钙元素更多,粗纤维含量少,幼嫩多汁,适口性好,消化率高,鸡极喜欢采食,是放牧季节鸡的良好饲料,从而节省精料。

在实践中无论是放牧还是采集野生青绿饲料或是人工栽培的青绿饲料养鸡时,都应注意以下4点:①青绿饲料要现采现喂(包括打浆),不可堆积或用喂剩的青草浆,以防产生亚硝酸盐中毒;②放牧或采集青绿饲料时,要了解青绿饲料的特性,有毒的和刚喷过农药的果园、菜地、草地或牧草要严禁采集和放牧,以防中毒;③含草酸多的青绿饲料,如菠菜、甜菜叶等不可多喂,以防引起雏鸡佝偻病或瘫痪,母鸡产薄壳蛋和软壳蛋;④某些含皂素多的豆科牧草喂量不宜过多,如有些苜蓿草的皂素含量高达 2%,过多的皂素会抑制雏鸡的生长。

(二)能量饲料

所谓能量饲料,是指饲料中粗纤维含量低于 18%、粗蛋白质低于 20%的饲料。主要包括谷类籽实及其加工副产品。这类饲料是养鸡生产中的主要精料,在日粮组成中占 50%~70%,适口性好,易消化,能值高,是鸡能量的主要来源。放养鸡的能量饲料还包括块根、块茎和瓜类饲料。

1. 籽实类

(1)玉米 玉米是养鸡生产中最主要、也是应用最广泛的能量饲料。优点是含能量最高,代谢能达 13.39 兆焦/千克,粗纤维少,适口性好,消化率高,是鸡的优良饲料。缺点是含粗蛋白质低,缺乏赖氨酸和色氨酸。黄色玉米和白色玉米在蛋白、能量价值上无多大差异,但黄玉米含胡萝卜素较多,可作为维生素 A 的部分来源,还含有较多的叶黄素,可加深鸡的皮肤、跖部和蛋黄的颜色,满足消费者的爱好。一般情况下,玉米用量可占到鸡日粮的 30%~65%。

(2)大麦 大麦每千克饲料代谢能达 11.09 兆焦,粗蛋白质含量 12%~13%,B族维生素含量丰富。大麦的适口性也好,但它的皮壳粗硬,含粗纤维较高,达 8%左右,不易消化,宜破碎或发芽后饲喂。用量一般占日粮的 10%~30%。

(3)小麦　小麦营养价值高,适口性好,含粗蛋白质10%～12%,氨基酸组成优于玉米和大米。缺点是缺乏维生素A、维生素D,黏性大,粉料中用量过大会粘嘴,降低适口性。如在鸡的配合饲料中使用小麦,一般用量为10%～30%。

(4)稻谷　稻谷的适口性好,但代谢能低,粗纤维较高,是我国水稻产区常用的养鸡饲料,在日粮中可占10%～50%。

(5)碎米　碎米也称米粞,是稻谷加工大米筛选出来的碎粒。粗纤维含量低,易于消化,也是农村养鸡常用的饲料。用量可占日粮的30%～50%。但应注意,用碎米作为主要能量饲料时,要相应补充胡萝卜素或黄色色素。

(6)高粱　高粱含碳水化合物多,是高粱产区的主要能量饲料。其缺点是粗蛋白质含量少、品质低,含单宁多,适口性差。在鸡日粮配合时,夏季比例宜控制在10%～15%,冬季以15%～20%为宜。

2. 糠麸类

(1)米糠　米糠是稻谷加工的副产品,分普通米糠和脱脂米糠。米糠的油脂含量高达15%,且大多数为不饱和脂肪酸,易酸败,久贮容易变质,故应饲喂鲜米糠。也可在米糠中加入抗氧化剂或将米糠脱脂成糠饼使用。此外,米糠含纤维素较高,使用量不宜太多。一般在鸡日粮中的用量为5%～10%。

(2)麸皮　麸皮是小麦加工的副产品,粗蛋白质含量较高,适口性好,但能量低,粗纤维含量高,容积大,且有轻泻作用。用量不宜过大,一般可占日粮的5%～15%。

(3)高粱糠　高粱糠含碳水化合物及脂肪较多,能量较高。因含有单宁多,致使适口性差。粗蛋白质的含量和品质均低。因此,在鸡的日粮中的比例应控制在5%～10%。

(4)次粉　又称四号粉,是面粉工业加工副产品。营养价值高,适口性好。但和小麦相同,多喂时也会产生粘嘴现象,制作颗粒料时则无此问题。一般可占日粮的10%～20%。

3. 根、茎、瓜类　用做饲料的根、茎、瓜类饲料主要有马铃薯、甘薯、南瓜、胡萝卜、甜菜等,含有较多的碳水化合物和水分,适口性好,产量高,是饲养优质地方鸡的优良饲料。这类饲料的特点是水分含量高,可达75%～90%,但按干物质计算,其能量高,而且含有较多的糖分,胡萝卜和甘薯等还含有丰富的胡萝卜素。由于这类饲料水分含量高,多喂会影响鸡对干物质的摄入量,从而影响生产力。此外,发芽的马铃薯含有毒物质,不可饲喂。

(三)蛋白质饲料

蛋白质饲料指的是饲料中粗蛋白质含量在20%以上、粗纤维小于18%的饲料。这类饲料营养丰富,特别是粗蛋白质含量高,易于消化,能值较高。含钙、磷多,B族维生素亦丰富。特别是在鸡的日粮中适当添加一些动物性蛋白质饲料,能明显地提高鸡的生产性能和饲料转化率。

按照蛋白质饲料的来源不同,分为植物性蛋白质饲料和动物性蛋白质饲料两大类。

1. 植物性蛋白质饲料

(1)豆饼(粕)　豆饼是大豆压榨提油后的副产品,而采用浸提法提油后的副产品则称为豆粕。豆饼(粕)含粗蛋白质42%～46%,含赖氨酸丰富,是我国养鸡业普遍应用的优良植物性蛋白质饲料。缺点是蛋氨酸和胱氨酸含量不足。试验证明,用豆饼(粕)添加一定量的合成蛋氨酸,可以代替部分动物性蛋白质饲料。此外应注意,豆饼(粕)中含有抗胰蛋白酶等有害物质,因此使用前最好应经适当的热处理。目前国内一般多用3分钟110℃热处理。其用量可占鸡日粮的10%~25%。

(2)菜籽饼(粕) 菜籽饼(粕)是菜籽压榨油后的副产品。作为重要的蛋白质饲料来源,菜籽饼(粕)粗蛋白质含量达37%左右,但能量和赖氨酸偏低,营养价值不如豆饼(粕)。菜籽饼(粕)含有芥子苷等毒素,过多饲喂会损害鸡的甲状腺、肝、肾,严重时中毒死亡。此外,菜籽饼(粕)有辛辣味,适口性不好,因此饲喂时最好应经过浸泡加热,或采用专门解毒剂(如浙江大学饲料研究所研制的6107菜籽饼解毒剂)进行脱毒处理。在鸡的日粮中其用量一般应控制在3%~7%。

(3)棉籽饼(粕) 棉籽饼(粕)有带壳与不带壳之分,其营养价值也有较大差异。粗蛋白质含量为32%~37%,赖氨酸含量也低于豆粕。棉籽饼(粕)含有棉酚等有毒物质,对鸡的体组织和代谢有破坏作用,过多饲喂易引起中毒。可采用长时间蒸煮或0.05%硫酸亚铁溶液浸泡等方法去毒,以减少棉酚对鸡的毒害作用。其用量一般可占鸡日粮的5%~8%。

(4)花生饼 花生饼是花生榨油后的副产品,也分去壳与不去壳两种,其中以去壳的较好。花生饼的成分与豆饼基本相同,略有甜味,适口性好,可代替豆饼(粕)饲喂。但花生饼中赖氨酸含量低,使用时应增加赖氨酸的补充量。花生饼含脂肪高,在温暖而潮湿的地方容易腐败变质,产生剧毒的黄曲霉毒素,因此不宜久存。其用量占鸡日粮的5%~10%。

(5)亚麻籽饼(胡麻籽饼) 亚麻籽饼粗蛋白质含量在29.1%~38.2%,高的可达40%以上,但赖氨酸仅为豆饼的1/3。含有丰富的维生素,尤以胆碱含量为多,而维生素D和维生素 E 很少。此外,它含有较多的果胶物质,为遇水膨胀而能滋润肠壁的黏性液体,是雏鸡、弱鸡、病鸡的良好饲料。亚麻籽饼虽含有毒素,但在日粮中搭配 10% 左右不会发生中毒。最好与含赖氨酸多的饲料搭配在一起喂鸡,以补充其赖氨酸低的缺陷。

(6)玉米蛋白粉　又叫玉米面筋粉。为湿磨法制造玉米淀粉或玉米糖浆时,原料玉米除去淀粉、胚芽及玉米外皮后剩下的产品,经分离、干燥而成。正常的玉米蛋白粉色泽金黄,色泽越鲜,蛋白质含量越高。玉米蛋白粉的蛋白质含量很高,一般为 30%~70%。其蛋氨酸含量较高,但赖氨酸和色氨酸严重不足。用黄玉米制成的玉米蛋白粉含有较高的类胡萝卜素,对蛋黄及皮肤有很好的着色作用。因此,用于鸡饲料可节约蛋氨酸添加量,还能有效地改善蛋黄和皮肤的颜色。一般鸡饲料中的用量为 3%~5%。

2. 动物性蛋白质饲料

(1)鱼粉　是鸡的优良蛋白质饲料。优质鱼粉粗蛋白质含量应在 50% 以上,含有鸡所需要的各种必需氨基酸,尤其是富含赖氨酸和蛋氨酸,且消化率高。鱼粉的代谢能值也高,达 12.12 兆焦/千克。此外,还含有各种维生素、矿物质和未知生长因子,是鸡生长、繁殖最理想的动物性蛋白质饲料。鱼粉有淡鱼粉和咸鱼粉之分,淡鱼粉质量好,含食盐少(2.5%~4%);咸鱼粉含盐量高(6%~8%),用量应视其食盐量而定,不能盲目使用。若用量过多,盐分超过鸡的饲养标准规定量,极易造成食盐中毒。鱼粉一般在小鸡日粮中使用,用量一般为 2%~5%。中、大鸡阶段不宜使用鱼粉,容易使鸡肉产生鱼腥味。

(2)肉骨粉　是屠宰场的加工副产品。经高温高压消毒脱脂的肉骨粉含有50%以上的优质蛋白质,且富含钙、磷等矿物质及多种维生素,是鸡很好的蛋白质和矿物质补充饲料,用量可占日粮的5%～10%。但应注意,肉骨粉如果处理不好或者存放时间过长,发黑、发臭,则不能用作饲料。否则,可引起鸡瘫痪、瞎眼、生长停滞甚至死亡。

(3)血粉 是屠宰场的另一种下脚料。粗蛋白质的含量很高,为80%～82%,但血粉加工所需的高温易使蛋白质的消化率降低,赖氨酸也易受到破坏。血粉具有特殊的臭味,适口性差,用量不宜过多,可占日粮的2%～5%。

(4)蚕蛹粉 是缫丝过程中剩留的蚕蛹经晒干或烘干加工制成的。其蛋白质含量高,用量可占日粮的5%～10%。

(5)羽毛粉 由禽类的羽毛经高压蒸煮、干燥粉碎而成。其粗蛋白质含量在85%～90%。与其他动物性蛋白质饲料共用时,可补充日粮中的蛋白质。其用量可占日粮的3%～5%。

(6)酵母饲料 是在一些饲料中接种专门的菌株发酵而成。既含有较多的能量和蛋白质,又含有丰富的B族维生素和其他活性物质,且蛋白质消化率高,能提高饲料的适口性及营养价值,对雏鸡生长和种鸡产蛋均有较好作用。一般在日粮中可加入2%～5%。

(7)河蚌、螺蛳、蚯蚓、小鱼 这些均可作为鸡的动物性蛋白质饲料利用。但喂前应蒸煮消毒,防止腐败。有些软体动物如蚬肉中含有硫胺酶,能破坏维生素B_1。鸡吃大量的蚬,所产蛋中维生素B_1缺少,死胎多,孵化率低,雏鸡易患多发性神经炎,应予以注意。这类饲料用量一般可占日粮的10%～20%。

由于动物性饲料原料,如鱼粉、血粉、蚕蛹粉等往往含有腥味,在商品鸡饲养的中鸡和大鸡阶段最好不要添加,以保证鸡的优异肉质和风味。

(四)矿物质饲料

鸡的生长发育、机体的新陈代谢需要钙、磷、钠等多种矿物质元素。上述青绿饲料、能量饲料、蛋白质饲料中虽均含有矿物质,但含量远不能满足生长和产蛋的需要。因此,在鸡日粮中常常需要专门加入石粉、贝壳粉、骨粉、食盐等矿物质饲料。

1. 石粉 是磨碎的石灰石,含钙达38%。有石灰石的地方,可以就地取材,经济实用。一般用量可占日粮的1%~7%。

2. 贝壳粉 是蚌、蛤、螺蛳等外壳磨碎制成,含钙29%左右,是日粮中钙的主要来源。其用量可占日粮的2%~7%。

3. 骨粉 是动物骨头经加热去油脂磨碎而成。骨粉含钙29%,磷15%,是很好的矿物质饲料。其用量可占日粮的1%~2%。

4. 磷酸氢钙、磷酸钙 是补充磷和钙的矿物质饲料。磷矿石含氟量高,使用前应做脱氟处理。磷酸氢钙或磷酸钙在日粮中可占1%~2%。

5. 蛋壳粉 蛋壳含钙24.4%~26.5%,粗蛋白质12.42%。用蛋壳制粉喂鸡时要注意消毒,避免感染传染病。

6. 食盐 是鸡必需的矿物质饲料,能同时补充钠和氯,一般用量占日粮0.3%左右,最高不得超过0.5%。饲料中若有鱼粉,则应将鱼粉中的含盐量计算在内。

另外,鸡饲料中还要添加沙砾。沙砾并没有营养作用,但补充沙砾有助于鸡的肌胃磨碎饲料,提高消化率。放牧鸡群随时可以吃到沙砾,而舍饲的鸡则应加以补充。舍饲的鸡如长期缺乏沙砾,就容易造成积食或消化不良,采食量减少,影响生长和产蛋。因此,应定期在饲料中适当拌入一些沙砾,或者在鸡舍内放置沙砾盆,让鸡自由采食。一般在日粮中可添加0.5%～1%,粒度似绿豆大小为宜。

(五)维生素饲料

在放牧条件下,青绿多汁饲料能满足鸡对维生素的需要。在舍饲时则必须补充维生素饲料添加剂,或饲喂富含维生素的饲料。如不使用专门的维生素饲料添加剂,则青绿饲料、块根茎类饲料和干草粉可作为主要的维生素来源。在目前的饲养条件下,如果能将含各种维生素较多的饲料,如青草、白菜、通心菜和甘蓝等很好地调剂和搭配使用,便可基本满足鸡对维生素的需要。用量可占精料的5%～10%。某些干草粉、松针粉、槐树叶粉等也可作为鸡的良好的维生素饲料。此外,常用的维生素饲料还有水草和青贮饲料,适于喂青年鸡和种鸡。水草以去根、打浆后的水葫芦饲喂效果较好。青贮饲料则可于每年秋季大量贮制,适口性好,作为冬季良好的维生素饲料。

(六)饲料添加剂

近年来,随着畜牧业的集约化发展,饲料添加剂工业发展很快,已成为配合饲料的核心部分。饲料添加剂是指加入配合饲料中的微量物质(或成分),如各种氨基酸、微量元素、维生素、抗生素、抗菌药物、抗氧化剂、防霉剂、着色剂、调味剂等。它们在配合饲料中的添加量仅为千分之几或万分之几,但作用很大。其主要作用是补充饲料的营养成分,完善日粮的全价性,提高饲料利用率,防止饲料质量下降,促进畜、禽食欲和正常生长发育及生产,防治各种疾病,减少贮存期营养物质的损失,缓解毒性,以及改进畜产品品质等。合理使用饲料添加剂,可以明显地提高地方鸡的生产性能,提高饲料的转化效率,改善鸡产品的品质,达到无公害安全生产的目的,从而提高养鸡的经济效益。

按照目前的分类方法,饲料添加剂分为营养性添加剂和非营养性添加剂两大类。

1. 营养性添加剂 营养性添加剂主要用于平衡鸡日粮养分,以增强和补充日粮的营养为目的,故又称强化剂。

(1)氨基酸添加剂 主要有赖氨酸添加剂和蛋氨酸添加剂。赖氨酸是限制性氨基酸之一,饲料中缺乏赖氨酸会导致鸡食欲减退,体重下降,生长停滞,产蛋率降低。蛋氨酸也是限制性氨基酸,适量添加可提高产蛋率,降低饲料消耗,提高饲料报酬,尤其是在饲料中蛋白质含量较低的条件下,效果更明显。近年来研究发现,甜菜碱作为动物代谢过程中的高效甲基供体,能替代部分蛋氨酸。在肉鸡日粮中添加0.06%的甜菜碱与添加0.01%的蛋氨酸,可获得同样的增重效果,明显降低饲料成本。

(2)微量元素添加剂 鸡除了补喂钙、磷、钠、氯等常量元素外,还需要补充一些微量元素,如铁、铜、锌、锰、钴、碘、硒等。在日常的配合饲料中添加一定量的微量元素添加剂,即可满足鸡对各种微量元素的需要。作为微量元素添加剂的各种原料最好选择硫酸盐,因为硫酸盐可以促进蛋氨酸的利用,减少对蛋氨酸的需要量。此外,目前对氨基酸微量元素络合物,如新型有机硒产品蛋氨酸硒等,研究和应用较多,效果明显。

(3)维生素添加剂 维生素添加剂种类很多,有的只含有少数几种脂溶性维生素,如维生素 A、维生素 D、维生素 E、维生素 K,有的是含有多种维生素的复合维生素,可根据需要选择使用。一般用量是每 100 千克日粮中添加 10 克左右。

2. 非营养性添加剂 使用这一类添加剂的主要目的是提高饲料利用率,增强机体抵抗力和防止疾病发生,杀死和控制寄生虫,防止饲料霉变,保护维生素的效价和功用,提高饲料适口性,从而提高鸡的生产水平。这类添加剂不是鸡必需的营养物质,但添加到饲料中可以产生各种良好的效果,可根据不同的用途选择使用。主要有以下 5 种。

(1)保健促生长剂 某些药物在用量适当时有预防疫病、促进生长的作用,主要是一些抗生素和其他人工合成的化合物。使用这类添加剂的主要争议,是它们在鸡体内及产品中的残留和病原菌的抗药性及对人类健康影响的不确定性。因此,对其使用范围、用量、使用期与休药期,应严格按照药品说明和国家的有关规定使用。表 5-1 给出了无公害食品肉鸡饲养中允许使用的饲料药物添加剂品种、用量及休药期。

常用的保健促生长剂有土霉素、杆菌肽锌、维吉尼亚霉素、硫酸黏杆菌素等。有些药物能抑制或杀灭球虫或其他体内寄生虫,因而也能促进健康、生长,如盐霉素、盐酸氯苯胍、盐酸氨丙啉、莫能霉素、马杜拉霉素等。

表 5-1 无公害食品肉鸡饲养中允许使用的药物饲料添加剂

类别	药品名称	用量(以有效成分计)	休药期(天)
抗菌药	阿美拉霉素	5～10 克/吨饲料	0
	杆菌肽锌	以杆菌肽计,4～40 克/吨饲料,16 周龄以下使用	0
	杆菌肽锌+硫酸黏杆菌素	2～20 克/吨饲料+0.4～4 克/吨饲料	7

续表 5-1

类别	药品名称	用量(以有效成分计)	休药期(天)
抗球虫药	盐酸金霉素	20~50 克/吨饲料	7
	硫酸黏杆菌素	2~20 克/吨饲料	7
	恩拉霉素	1~5 克/吨饲料	7
	黄霉素	5 克/吨饲料	0
	吉他霉素	促生长,5~10 克/吨饲料	7
	那西肽	2.5 克/吨饲料	3
	牛至油	促生长,1.25~12.5 克/吨饲料;预防,11.25 克/吨饲料	0
	土霉素	混饲 10~50 克/吨饲料,10 周龄以下使用	7
	维吉尼亚霉素	5~20 克/吨饲料	1
抗球虫药	盐酸氨丙啉+乙氧酰胺苯甲酯	125 克/吨饲料+8 克/吨饲料	3
	盐酸氨丙啉+乙氧酰胺苯甲酯+磺胺喹噁啉	100 克/吨饲料+5 克/吨饲料+60 克/吨饲料	7
	氯羟吡啶	125 克/吨饲料	5
	复方氯羟吡啶粉(氯羟吡啶+苄氧喹甲酯)	102 克/吨饲料+8.4 克/吨饲料	7
	地克珠利	1 克/吨饲料	0
	二硝托胺	125 克/吨饲料	3

续表 5-1

类别	药品名称	用量(以有效成分计)	休药期(天)
抗球虫药	氢溴酸常山酮	3 克/吨饲料	5
	拉沙洛西钠	75～125 克/吨饲料	3
	马杜霉素铵	5 克/吨饲料	5
	莫能菌素	90～110 克/吨饲料	5
	甲基盐霉素	60～80 克/吨饲料	5
	甲基盐霉素+尼卡巴嗪	30～50 克/吨饲料+30～50 克/吨饲料	5
	尼卡巴嗪	20～25 克/吨饲料	4
	尼卡巴嗪+乙氧酰胺苯甲酯	125 克/吨饲料+8 克/吨饲料	9
	盐酸氯苯胍	30～60 克/吨饲料	5
	盐霉素钠	60 克/吨饲料	5
	赛杜霉素钠	25 克/吨饲料	5

(2)调味增香剂 主要是在饲料中添加鸡喜爱的某种气味,有诱食和增加采食量、提高饲料利用率的作用。例如,当饲料中添加治疗药物而导致采食量下降时,增香剂对于维持采食和帮助药物达到疗效有重要作用。目前推广应用的鸡的增香剂有草类辛辣型禽用调味剂。

(3)酶制剂 添加酶制剂可促进营养物质的消化,促进生长,提高饲料的转化效率。在英国、美国等经济发达国家,饲用酶制剂的使用已很普遍。近几年来,国内酶制剂的研制及其在肉鸡业中的应用研究十分活跃,已有多家企业生产销售。复合酶制剂一般含有淀粉酶、果胶酶、蛋白酶、纤维酶和脂肪酶等。除了复合酶制剂外,还有单项酶制剂,如植酸酶等。

(4)着色剂　在鸡的饲料中添加着色剂(也称增色剂)的目的是增加鸡蛋蛋黄的橘黄色与肉鸡屠体(胫、皮、脂肪)的金黄色,以满足不同地区、不同消费者嗜好和提高产品的商业价值。黄色素是重要的增色剂,其主要成分是叶黄素、玉米黄素和胡萝卜酯醇,在万寿菊花粉、黄玉米、虾青素、干红辣椒粉、优质玉米蛋白粉和苜蓿粉中含量丰富。

市面上销售的着色剂有德国巴斯夫公司生产的露康定黄、露康定红,瑞士罗氏公司生产的加丽素红、加丽素黄,可根据需要选择添加。

(5)饲料保存剂　饲料在贮运过程中,容易氧化变质甚至发霉。在饲料中加入抗氧化剂和防霉剂可以延缓这类不良的变化。主要包括抗氧化剂和防霉剂。常用的抗氧化剂有乙氧基喹啉(乙氧喹或山道喹)、二丁基羟基甲醛(BHT)和丁基羟基茴香醚(BHA)。常用的防霉剂有丙酸、丙酸钠、丙酸钙、山梨酸、苯甲酸等。

3. 抗生素替代产品　由于在饲料中添加抗生素,能防止畜禽的疾病发生,提高动物生产能力,提高养殖效益,所以一直是添加剂预混料的重要组成部分。但是,抗生素添加剂的长期使用,能使许多病原菌产生耐药性,同时在畜产品中产生严重的药物残留,从而对畜禽疾病的进一步防治和人类的健康都产生了不利影响。因此,抗生素添加剂的使用在世界各国越来越被严格限制。1986年,瑞典成为世界上第一个在动物饲料中全面禁用抗生素作为生长促进剂的国家。禁用初期,人们担心动物的发病率会上升,生产性能会下降。但实践证明,通过有效地改善饲养管理,科学地使用抗生素替代产品,在动物饲料中禁用抗生素是可行的。从 2006 年 1 月起,欧盟国家已全面禁止在动物饲料中添加抗生素作为生长促进剂。

为了寻找抗生素的替代品,生产出既能有效防止畜禽疾病的发生,促进动物生长,又毒副作用小,无残留,无耐药性的绿色饲料添加剂,国内外许多畜牧兽医工作者进行了大量的研究,并取得了一定进展。

(1)益生素　益生素(Probiotics)是一类活的微生物,又名微生态制剂。通过在饲料中添加无病源性、无毒副作用、无耐药性和无药物残留的一些微生物来促进肠道内有益微生物的生长,抑制有害微生物的生长繁殖(如沙门氏菌,大肠杆菌等),从而调整与维持胃肠道内的微生态平衡,达到防止疾病发生,促进生长的目的。同时,这些微生物还可产生促生长因子、多种消化酶和维生素,从而促进营养物质的消化、吸收,促进动物生长。有些微生物还能有效降低畜禽舍内氨气等有害气体的浓度,大大降低臭味,改善环境。目前,研究和应用较多的益生素有乳酸菌、双歧杆菌、链球菌、芽孢杆菌、酵母、真菌、光合细菌等。乳酸杆菌和链球菌制剂是最常见的益生素,刚出生的动物肠道内随乳酸杆菌数目的增加,菌群内其余微生物数量就下降。然而,不同的益生素以及益生素在不同场合的实际使用效果是不同的。另外要注意的是,抗生素和益生素不能同时在饲料中使用。

(2)促生素　与益生素相对应,寡糖(低聚糖)类产品(Oligosaccharides)称为促生素(Prebiotics),为2～10个糖基通过糖苷键连接而成的具有直链或支链结构的低聚糖的总称。寡糖种类很多,但目前作用饲料添加剂的有甘露寡糖、异麦芽糖、大豆低聚糖、低聚果糖、半乳寡糖、乳果寡糖、低聚木糖等。促生素能被胃肠道内有益微生物尤其是双歧杆菌所利用作为营养,而不能被有害微生物所利用,从而可促进肠道有益微生物大量繁殖,维持胃肠道内微生态平衡。寡糖还可以结合病原细胞的外源凝集素,避免病原菌在肠道上附着,从而阻断了病菌的感染途径,并携带病原菌排出体外,起到"冲刷"病原菌的作用,维护了动物的健康。某些多聚糖可以提高机体对药物和抗原的免疫应答能力,增进动物的免疫能力。

与活菌制剂相比,寡糖更稳定,对制粒、膨化、氧化和贮运等恶劣环境条件都具有很高的耐受性,能抵抗胃酸的灭活作用,克服了活菌制剂在肠道定植难的缺陷。加上它无毒、无副作用、不被吸收,虽然它目前生产效率低,生产难度大,但是其发展应用前景十分广阔。

巴西是世界第二大禽肉出口国,为了出口天然的鸡肉产品,以应对欧盟禁用抗生素的决策,巴西在全国范围内,无论是内需市场,还是出口市场,采用"抗球虫疫苗+奥奇素(甘露寡糖)+益生素"的饲养模式,不但取代了"抗球虫药+抗生素生长促进剂"的传统饲养模式,而且还使肉鸡养殖者获得在过去所不曾有的好处。在肉种鸡饲养方面,大型的肉鸡出口饲养企业采用"奥奇素(甘露寡糖)+有机酸"的饲养模式来取代抗生素的使用,大大控制了沙门氏菌的纵向传播,同时也降低了鸡群沙门氏菌和梭菌的感染水平。

(3)**酸化剂** 在饲料中添加一定的酸化剂可以降低消化道的 pH 值,提供一个酸化环境,激活消化酶活性,延缓胃排空速度,利于营养物质的消化吸收,提高饲料利用率,促进畜禽生长,防止胃肠道疾病发生。同时,酸化环境能够抑制有害菌生长繁殖,促进有益菌生长,提高机体免疫力。有机酸还能参与体内营养代谢,供给机体营养。常见的酸化剂有柠檬酸、乳酸、延胡索酸等。

(4)**植物性饲料添加剂** 植物性饲料添加剂来自于天然

植物,其结构成分保持着自然状态的生物活性,符合绿色畜产品的生产要求。目前,国际社会对天然植物来源药物或添加剂产品的需求日益扩大。我国和日本、美国、法国、德国等一些国家在天然植物中筛选、提取有效成分方面做了大量工作,并有相应产品问世,如法国在成功地从常山中提取到抗鸡球虫的有效成分常山酮后,生产出抗鸡球虫添加剂"速丹"。日本开发成功抗菌药物"大蒜素"。巴玛德(Bamard)等人从大戟属植物中提取的多羟基类黄酮的生物多聚体SB-303能在早期阻止病毒穿入细胞。

(5)生物活性肽 生物活性肽本身就是动物体天然存在的生理活性调节物,由氨基酸组成,不仅具有营养价值,还具有多种生物学功能。根据活性肽来源可将其分为由动物体的内分泌细胞分泌的肽类,乳源性的生物活性肽,从动物体中提取的活性肽,从饲料蛋白质经专一性蛋白酶水解而产生的肽类四大类。

生物活性肽通过一种特殊机制杀灭细菌,具有广谱、不产生抗药性的优点,不会对环境造成任何不良影响,而且其功能特点决定了它可以替代某些抗生素和生长促进剂,提高动物免疫力,促进动物生长。生物活性肽应用于饲料行业尚处于起步阶段,均为一些含生物活性肽的初级产品,但已显示出良好效果。对生物活性肽的研究开发已成为研究抗生素新产品的前沿课题,并被认为是新抗生素研究的新资源和重要途径。

优质黄羽肉鸡常用饲料的营养成分见附表6。

四、饲养标准

随着饲养科学的发展,根据生产实践中积累的经验,结合消化、代谢、饲养及其他试验,科学地规定了各种畜、禽在不同体重、不同生理状态和不同生产水平下,每只(头)每天应该给予的能量和各种营养物质的数量,这种规定的标准称"饲养标准"。

饲养标准在组成上包括两个主要部分,即畜、禽的营养需要量或供给量和畜、禽常用饲料的营养价值表。饲养标准中的项目有能量、蛋白质、氨基酸、钙、磷、微量元素和维生素等。

我国农业部于2004年9月制定公布了新的中国家禽饲养标准及饲料成分,其中有关黄羽肉鸡的饲养标准列于附表1~5,供黄羽肉鸡生产者参考应用。

我国现行制定的黄羽肉鸡饲养标准主要适用于快速型黄羽肉鸡。因此,对于饲养地方鸡种等慢速型黄羽肉鸡的生产者可根据该品种的生产性能,适当降低有关指标,制定切合实际的优质地方鸡营养需要标准。

五、饲料配合

(一)配合饲料的种类及形状

配合饲料具有单一饲料无法替代的优点,能够采用现代营养科学的最新成就,获得最好的生产效果和经济效益。所以,在养鸡生产中得到了广泛的应用,并由此带来了生产方式的根本性变革。特别在黄羽肉鸡生产日趋专业化、集约化和产业化的今天,配合饲料正发挥着越来越重大的作用。

1. 鸡配合饲料的种类 黄羽肉鸡的配合饲料,按所含营养成分的完全程度,可分为全价配合饲料、浓缩料和添加剂预混料3种。

(1)全价配合饲料 这类饲料由多种原料按科学配方制成,其中含有鸡需要的全部营养物质,而且含量、比例适当。用这种饲料喂鸡不需要再添加任何其他饲料,就能获得较好的生产效果。在生产上,同样是全价配合饲料,其中所含各种养分的量不完全相同,价格和剂型也不一样。有的饲料养分浓度高,生产效果好,但价格较贵。有的饲料养分浓度稍低,生产效果略差些,但价格较便宜。生产效果最好的饲料不一定经济效果也最好,应通过试用对比,选择经济效益最佳的饲料。有些产品名为全价配合饲料,实际并非全价,所以也要选择有信誉的厂家的产品。全价配合饲料中含有添加剂预混料,所以要注意生产日期和避湿、避热、避光保藏。

(2)浓缩料 也称蛋白质浓缩料。厂家把一些不易购置的蛋白质饲料、矿物质饲料和添加剂预混料,按科学配方制成含蛋白质较高,且富含维生素、矿物质和其他有效成分的饲料,称为浓缩料。用户买回这种饲料,按厂家说明的比例加入玉米等一些能量饲料,便能满足鸡的各种营养需要。这对自己生产粮食的农民或容易买到谷物类饲料的养鸡户、小型养殖场来说,既方便又经济。但使用浓缩料必须严格按产品说明搭配其他饲料,同时也应注意其质量和妥善贮藏。

(3)添加剂预混料 简称预混料,是由一种或多种营养性添加剂(氨基酸、维生素、微量元素)和非营养性添加剂(抗生素、抗菌药物、酶制剂、抗氧化剂、调味剂等)以某种载体或稀释剂(如玉米粉、麸皮、石粉等)按一定比例配制而成的均匀混合物。它是配合饲料工业生产的一种半成品,供生产全价配合饲料和浓缩料使用。在生产和使用预混料过程中,应特别注意严格剂量、混合均匀及保藏等问题。否则,轻则无效,重则造成鸡群患病、减产,乃至死亡。

2. 鸡配合饲料的形状

(1) 粉料　将日粮中多种饲料原料加工成粉状或适宜的粒子,然后加上各种添加剂混合均匀。使用粉料鸡采食慢,吃得均匀,也易消化。种鸡目前多采用粉料。但粉料不宜太粗,否则鸡易挑食,造成营养不平衡,也不宜太细,否则鸡不易采食,适口性差,特别是高温、干燥季节,易使鸡采食量减少。对雏鸡配合饲料,粉碎玉米等原料配 ϕ(直径)2～3 毫米孔的筛片;对青年鸡中后期则配 ϕ3 毫米孔的筛片;对种鸡产蛋期配合饲料则需配 ϕ4 毫米孔的筛片。

(2) 颗粒饲料　把配合好的粉状饲料用蒸汽处理后,通过机械压制,迅速冷却,干燥而成。颗粒大小以直径 2.5～3 毫米为宜。颗粒饲料营养全面,适口性好,能避免鸡挑食,保证营养完全;便于贮存和运输,鸡舍内粉尘少、空气好;由于制粒时高温杀死了一部分病原,在一定程度上减少了通过饲料传播疾病的机会。颗粒料适宜于商品鸡饲用,虽然价格略贵于粉料,但效果明显优于粉料,在生产中的使用日趋普遍。种用母鸡在育雏期体重不理想时,可适当饲喂一段时间颗粒料。但产蛋期一般不采用。否则,往往因采食过量而肥胖,或使用限量喂饲也常因采食时间短,致使鸡易发生啄癖。

(3) 破碎料　将颗粒饲料打碎成片的一种饲料。具有颗粒饲料的优点,可适当延长采食时间,适合各种年龄的鸡采食。但加工成本高,目前使用的不多。

(二) 配合饲料的意义

目前我国农村养鸡,在饲养上一般都不是根据鸡各个阶段的生长发育和产蛋等方面对各种营养物质需要来配合各种日粮,而是仅饲喂单一饲料,结果不仅浪费饲料,影响正常生长发育,而且影响鸡只生产性能的发挥。如育雏阶段,由于雏鸡生长强度很大,需要较高水平的蛋白质日粮,但习惯上却采用小米、大米或是小麦和玉米等能量饲料而导致雏鸡生长发育受阻。又如种鸡阶段需要较高的蛋白质水平日粮,可是由于日粮单一,蛋白质含量太低,致使蛋鸡不能充分发挥产蛋性能。若在谷物饲料中适当增加一部分蛋白质饲料,如豆饼、花生饼等,提高日粮中蛋白质水平,即可使饲料配合多样化,使单一饲料可能缺乏的某些营养物质得到弥补。此外,还要补充矿物质饲料。青绿饲料缺乏时,还应增补多种维生素。在日粮营养全面的饲养条件下,雏鸡生长速度加快,使体重能及时达到上市标准。这样既缩短了饲养时间,又节省了饲料,降低了饲养成本。因此,科学配合日粮是提高养鸡生产效益的有效方法和根本保证。

(三)饲料配方设计的基本原则

饲料配方是否合理,直接影响到鸡生产性能的发挥,以及生产的经济效益。配方设计过程中应注意以下基本原则:

1. 参照并灵活应用饲养标准 制定各类鸡的最适宜营养需要量,饲养标准是实行科学养鸡的基本依据。但在实际应用时,要结合当地鸡的品种、性别、地区环境条件、饲料条件、生产性能等具体情况灵活调整,适当增减,制定出最适宜的营养需要量。最后再通过实际饲喂,根据饲喂效果进行调整。

2. 正确地估测饲料的营养价值 同一种饲料,由于产地不一或收获季节不一,其营养成分可能存在较大的差异。所以在进行日粮配合时,必须选用符合当地实际的鸡饲料营养成分表,正确地估测各类饲料的营养价值。对用量较大而又重要的饲料,最好实测。

3. 选择饲料时，应考虑经济原则 要尽量选用营养丰富、价格低廉、来源方便的饲料进行配合，注意因地制宜，因时制宜，尽可能发挥当地饲料资源优势。如在满足各主要营养物质需要的前提条件下，尽量采用价廉和来源可靠、易得的青绿饲料、甘薯、南瓜、马铃薯等代替一部分谷实类饲料，以降低饲养成本。

4. 注意日粮的品质和适口性 忌用有刺激性异味、霉变或含有其他有害物质的原料配制饲料。影响饲料的适口性有两个方面。一方面是饲料本身的原因，如高粱含有单宁，喂量过多会影响鸡的采食量，以占日粮的5%～10%为宜。另一方面是加工造成的，如压制成颗粒料可提高适口性，而喂粉料如磨得太细，鸡吃起来发黏，会降低适口性。因此，粉料不可磨得太细，各种饲料的粒度应基本一致，避免鸡挑食。

5. 选用的饲料种类应尽量多样化 在可能的条件下，用于配合的饲料种类应尽量多样化，以利营养物质的互补和平衡，提高整个日粮的营养价值和利用率。饲料品种多还可改善饲料的适口性，增加鸡的采食量，保证鸡群稳产、增产。

6. 考虑鸡的消化生理特点合理配料 鸡对粗饲料的消化率低，粗纤维在鸡日粮中的含量不能过高。其含量小鸡料一般不宜超过3%，中鸡料不宜超过4%，大鸡料不宜超过5%，否则会降低饲料的消化率和营养价值。

7. 配方要保持相对稳定 如确需改变时，应逐渐更换，最好有1周的过渡期，避免发生应激，影响食欲，降低生产性能。尤其是对产蛋期的种母鸡，更要注意饲料的相对稳定。

(四)饲料配方设计的方法

目前我国小型养殖单位设计饲料配方时，一般多用试差法,该方法简单易行。有条件的单位可采用专门的电脑配方软件进行计算。这里着重介绍试差法这一通行的饲料配方计算方法。

所谓试差法,即根据饲养标准,结合鸡的品种、饲养阶段、生产性能、当地气候及以往的生产经验,先粗略地配合,然后计算其中的各种养分,并与所制定的营养标准比较,对过多或不足的养分进行调整,直至符合要求为止。通常先计算平衡能量和粗蛋白质两项指标,待上述两项指标平衡后,再依次考虑钙、磷、赖氨酸、蛋氨酸指标的平衡。食盐、微量元素及维生素可放在最后定量添加。

现以配制黄羽肉鸡种鸡产蛋期日粮为例,说明试差法的具体运用。基本原料有玉米、豆饼、菜籽饼、进口鱼粉、麸皮、骨粉、石粉与食盐。其日粮配制的程序如下。

第一步,参照黄羽肉鸡的饲养标准,结合品种本身和当地实际情况,拟订种鸡产蛋期的各种营养需要量,查出所用原料的营养成分(表 5-2)。

第二步,初步确定所用原料的比例。根据经验,设日粮中各原料比例分别如下:鱼粉 5%,菜籽饼 5%,麸皮 10%,玉米 55%,豆饼 17%,食盐与矿物质 8%。

第三步,将 5%菜籽饼,5%鱼粉和 10%麸皮,分别用各自的百分比乘以各自饲料中的营养含量。如鱼粉的用量为 5%,每千克鱼粉中含代谢能 12.133 6 兆焦,则 5%鱼粉中含代谢能 0.606 68(12.133 6×5/100)兆焦。其余依次类推,计算结果见表 5-3。

表 5-2 黄羽肉鸡种鸡产蛋期的营养需要量及饲料营养成分

项　目		代谢能(兆焦/千克)	粗蛋白质(%)	钙(%)	磷(%)	赖氨酸(%)	蛋氨酸＋胱氨酸(%)
种鸡产蛋期营养需要		11.385	16.5	3.5	0.6	0.66	0.55
饲料营养含量	玉　米	14.060	8.60	0.04	0.21	0.27	0.31
	豆　饼	11.046	43.0	0.32	0.50	2.45	1.08
	菜籽饼	8.452	36.4	0.73	0.95	1.23	1.22
	进口鱼粉	12.134	62.0	3.91	2.90	4.35	2.21
	麸　皮	6.562	14.4	0.18	0.78	0.47	0.48
	骨　粉			36.4	16.4		
	石　粉			35.0			

表 5-3 3 种饲料营养成分计算值

项　目	比例(%)	代谢能(兆焦)	粗蛋白质(%)	钙(%)	磷(%)	赖氨酸(%)	蛋氨酸＋胱氨酸(%)
菜籽饼	5	0.4226	1.82	0.037	0.048	0.0615	0.061
鱼　粉	5	0.6067	3.10	0.196	0.145	0.2175	0.1105
麸　皮	10	0.6562	1.44	0.018	0.078	0.047	0.048
合　计	20	1.6855	6.36	0.251	0.271	0.326	0.2195

第四步,计算豆饼和玉米的用量。上述 3 种饲料加上矿物质饲料共占 28%,其中含粗蛋白质 6.36%,代谢能 1.686 兆焦,余下的 72% 用玉米与豆饼补充。现在初步定玉米配比为 55%,豆饼 17%,经计算这 2 种饲料中含代谢能为 9.606 兆焦,粗蛋白质 12.04%。与前面 3 种饲料相加,得代谢能

11.292兆焦,粗蛋白质18.4%。与营养需要对照后发现代谢能低0.213兆焦,而粗蛋白质高1.9。从饲料营养成分表中看出,豆饼的粗蛋白质含量达43%,能量为11.045兆焦/千克;而玉米的粗蛋白质含量为8.6%。每用1%的玉米代替1%的豆饼,饲料中的粗蛋白质相应减少0.344%。现在粗蛋白质比标准高1.9%,要达到要求,可用5.5%(1.9%÷0.344%)的玉米代替豆饼。这时,玉米占60%,豆饼占12%,再经计算得:代谢能11.464兆焦/千克,粗蛋白质16.68%,已基本符合营养需要。接着计算其他成分,列于表5-4。

表5-4 调整后饲料配方营养含量

项 目	比例(%)	代谢能(兆焦)	粗蛋白质(%)	钙(%)	磷(%)	赖氨酸(%)	蛋氨酸+胱氨酸(%)
菜籽饼	5	0.423	1.82	0.037	0.048	0.0615	0.061
鱼 粉	5	0.607	3.10	0.196	0.145	0.2175	0.1105
麸 皮	10	0.657	1.44	0.018	0.078	0.047	0.048
豆 饼	12	1.326	5.16	0.038	0.06	0.294	0.130
玉 米	60	8.436	5.16	0.024	0.126	0.162	0.186
合 计	92	11.449	16.68	0.313	0.457	0.78	0.536
与标准比较	−8	−0.015	0.18	−3.187	−0.143	0.12	−0.014

第五步,补充钙、磷和食盐。现补加7%的石粉和1%的骨粉,另外再加入0.3%的食盐。如有条件,可加入0.03%的蛋氨酸。这样配得的日粮含代谢能11.464兆焦/千克,粗蛋白质16.68%,钙3.12%,磷0.612%,食盐0.3%,赖氨酸0.78%,蛋氨酸+胱氨酸0.566%,基本符合营养需要。

第六章 饲养管理技术

关于优质黄羽肉鸡生长阶段的划分,农业部2004年8月25日发布的《鸡饲养标准》做了如下规定:快速型黄羽肉鸡,育雏期0~4周龄,生长期5~8周龄,肥育期9周龄至上市;慢速型黄羽肉鸡,育雏期0~6周龄,生长期7~11周龄,肥育期12周龄至上市;种鸡,育雏期0~6周龄,育成期7~22周龄,产蛋期23~64周龄。

一、饲养方式

优质黄羽肉鸡常见的饲养方式主要有以下4种。

(一)地面平养

厚垫料平养优质黄羽肉鸡,具有投资少、简单易行等主要优点,也是农家养鸡最常采用的方法之一。但有易发生球虫病,且难以控制,药品和垫料费用较高等缺点。

厚垫料平养是在舍内水泥或砖头地面上铺以10~12厘米厚的垫料。垫料要求松软,吸湿性强,未霉变,长短适中,一般约为5厘米。常使用的垫料有玉米秸、稻草、刨花、锯木屑等,也可混合使用。

在厚垫料饲养过程中,首先要求垫料平整,厚度大体一致,其次要保持垫料干燥、松软,及时将水槽、食槽周围潮湿的垫料取出更换,防止垫料表面粪便结块。对结块者适当用齿耙等工具将垫料抖一抖,使鸡粪落于下层。潮湿垫料要勤换,或将鸡粪抖掉、晒干后再垫入鸡舍。最后,待鸡一起出场后,将粪便和垫料一次清除。

(二)笼养

笼养实际上是一种立体化的饲养。鸡从1日龄到上市都在笼中饲养,随日龄和体重的增大,通常可采取转层、转笼的方法分群饲养。笼养有不少优点,如鸡舍利用率高,可节省燃料、垫料、劳力等费用,可有效控制球虫病或其他肠道疾病的发生和蔓延,可实行公母分群饲养等,但一次性的投资较大。笼养与厚垫料平养的效果比较见表6-1。

表6-1 笼养与厚垫料平养的效果比较

指 标	笼 养	厚垫料平养
饲养期(天)	56	56
平均体重(克)	1916	1725
饲料转化比	2.14∶1	2.18∶1

(三)网上平养

网上平养是将鸡饲养在特制的网床上。网床由网架、栅板和围网构成。可就地取材,竹片、板条、铁丝网均可采用。有条件者可在竹片、板条制成的栅板上,再铺上一层弹性塑料网,网眼的大小以使鸡爪不进入而又能落下鸡粪为宜。一般栅板离地面50~60厘米。网床大小可根据鸡舍面积具体安排,但应留有足够的人行道,以便操作。采用这种饲养方式,可大大减少消化道疾病,特别是球虫病的发生机会。由于优质黄羽肉鸡生长速度相对较慢,体重较小,不易发生胸囊肿,故这种方式可普遍用于优质黄羽肉鸡生产中。

(四)放　养

这是慢速型优质黄羽肉鸡(地方鸡种,土鸡)经常采用的饲养方式之一。一般是先在室内育雏,在生长阶段把鸡放到舍外去养。凡有果树、竹林、茶园、树林和山坡的地方都可以用来放牧,开展生态型综合立体养殖。放牧的好处很多,可以使鸡得到充足的阳光、运动,采食杂草、虫子、石子(矿物质)等多种食料,促进鸡群生长发育,增强体质。放牧既省饲料,又省人力和房舍。但在放牧状态下,鸡的运动量加大,增重速度减慢。

二、饲养密度

"密度"的完整概念应包含三方面的内容:一是每平方米面积养多少只鸡;二是每只鸡占有多少食槽位置;三是每只鸡饮水位置够不够。三方面缺一不可。

饲养密度对鸡的生长发育有着直接影响。密度过大,舍内空气容易污染,卫生环境不好,吃食拥挤,抢水抢料,饥饱不均,造成鸡生长发育缓慢,发育不整齐,易感染疾病和发生啄癖,使死亡率增加;密度过小,虽然鸡的生长发育较好,但不易保温,造成人力、物力浪费,使饲养成本增高。因此,要根据鸡舍的结构、通风条件等具体情况确定合理的饲养密度。

优质黄羽肉鸡究竟密度多大为好,要根据具体条件而定。例如,在地面垫料上饲养以密度适当低些为好,在网上饲养密度可以大一些。通风条件好密度可高一些,通风条件差密度可低一些,寒冷季节密度可大一些,温暖季节密度可低一些。入雏时每平方米可养到30～50只,以后逐渐疏散调整(表6-2)。

表 6-2 饲养密度、饮水和采食空间

日 龄(天)			慢速型	0～30	31～60	61～120
			快速型	0～20	21～35	36～60
饲养密度	笼 养		只/米²	35	26	15
	网上平养		只/米²	25	18	12
	地面平养		只/米²	20	15	10
饮水空间	饮水器	笼 养	个/只	30	25	—
		平 养	个/只	50	40	25
	水 槽	笼 养	厘米/只	1.6	2.8	5
		平 养	厘米/只	1.4	2	3
	乳头饮水器	笼 养	个/只	16	12	4
		平 养	个/只	20	15	8
采食空间	料 槽	笼 养	厘米/只	2.5	4.5	10
		平 养	厘米/只	4	6	8
	料 桶	平 养	个/只	40	30	20

三、雏鸡的培育

雏鸡对环境适应能力差,抗病力弱,稍有不当,容易生病死亡。因此,在雏鸡培育阶段需要给予细心的照料,进行科学的饲养管理,才能获得良好的效果。

(一)雏鸡的生物学特性

1. 雏鸡调节体温的功能较弱 刚出壳的雏鸡体温比成年鸡低 2℃左右,4 日龄开始增高,10 日龄后才能接近成年鸡的正常体温。雏鸡调节体温的功能要到出壳3周后,绒毛脱落,长上新羽时才较完善。所以,育雏初期必须给予较高的温度。从2周龄起,可以逐步降温,每周降低2℃。夏季4周龄脱温,冬季则5~6周龄脱温。

2. 雏鸡新陈代谢旺盛,要求饲料营养丰富、全价 雏鸡阶段代谢旺盛,相对增重快,要求有高能量、高蛋白质的饲料来满足其快速生长发育的需要。

3. 胃肠容积小,消化能力差 雏鸡消化道短而容积小,采食量有限。缺乏某些消化酶,肌胃磨碎能力弱,消化系统发育不健全,消化能力差。因此,雏鸡应供给粗纤维含量低、容易消化的日粮,要少喂多餐,供足饮水。

4. 群居性强,胆小易惊 鸡具有很强的群居性,离群独处的雏鸡会鸣叫不止,归群后才安静。胆小自卫能力差,外界强烈的声音刺激可引起鸡群惊恐不安,横冲直撞。所以,育雏期鸡舍内外要避免惊动,保持安静,门窗严密,防止兽害。

5. 抗病力差,容易感染各种疾病 雏鸡体小而弱,机体的防御功能不健全,对外界环境的应激因素敏感,对病原微生物的侵袭抵抗力差。若饲养管理不善,容易暴发传染病。因此,在育雏期间必须保持垫料干燥,做好环境卫生消毒和接种疫苗的工作,防止疫病发生。

(二)育雏方式

人工育雏按其占用地面和空间的不同及给温方法不同,可分为4种方式。

1. 笼育 笼育指在特制的育雏器中养育雏鸡。育雏器由笼架、笼体、食槽、水槽和承粪盘(板)组成。一般总体结构为4层,每层高度为330毫米,每笼面积为1 400×700毫米,层与层之间有 700×700 毫米的承粪盘,全笼总高度为 1 725 毫米。每 4 个独立的单元结构也可组装在一起形成一大组。笼四周用铁丝、竹或木条制成栅栏,食槽和饮水器可排列在栅栏外,雏鸡隔着栅栏将头伸出采食、饮水。笼底用铁丝制成不超过 1.2 厘米大小的网眼,使鸡粪掉入承粪盘。目前,机械化生产的定型金属育雏笼或塑料育雏笼产品已到处有售。

笼育可采用暖气加热,也可用地下烟道升温加热或室内煤炉加温,还可采用电热加温方法。上述加热方法中,以地下烟道加热的方法为优,主要可使上、下层鸡笼的温差缩小。笼育方式的优点在于能经济利用鸡舍的单位面积,节省垫料和热能,降低成本,提高劳动生产率,还可有效控制球虫病的发生和蔓延。

2. 地面育雏 把雏鸡放在铺有垫料的地面上进行饲养的方法称为地面育雏。从加温方法来说大体可分为地下烟道育雏、煤炉育雏、电热或煤气保温伞育雏、红外线灯育雏及远红外育雏等。

(1)地下烟道育雏 地下烟道用砖或土坯砌成,其结构形式多样,要根据育雏舍的大小来设计。较大的育雏舍,烟道的条数要相对多些,采用长烟道。育雏舍较小,可采用"田"字形环绕烟道。其原理都是通过烟道对地面和育雏舍空间进行加温,以升高育雏温度。地下烟道育雏优点较多:①育雏舍的实际利用面积大;②没有煤炉加温时的煤烟味,舍内空气较为新鲜;③温度散发较为均匀,地面和垫料暖和,由于温度是从地面上升,小鸡腹部受热,因此雏鸡较为舒适;④垫料干燥,空气湿度小,可避免球虫病及其他病菌繁殖,有利于小鸡的健康;⑤一旦温度达到标准,维持温度所需要的燃料将少于其他方法,在同样的房屋和育雏条件下,地下烟道的耗煤量比煤炉育雏的耗煤量至少省1/3。因此,烟道加温的育雏方式对中、小型鸡场和较大规模的养鸡户较为适用。值得注意的是,在设计烟道时,烟道的口径进口处应大,往出烟处应逐渐变小,由进口到出口应有一定的上升坡势,烟道出烟处切不可放在北面,要按风向设计。

(2)煤炉育雏　煤炉可用铁皮制成或用烤火炉改制而成,炉上设有铁皮制成的伞形罩或平面盖,并留有出气孔,以便接上通风管道,管道接至舍外,以便排出煤气。煤炉下部有一进气孔,并用铁皮制成调节板,以便调节进气量和炉温。煤炉育雏的优点是:经济实用,耗煤量不大,保温性能稳定。在日常使用中,由于煤炭燃烧需要一段时间,升温较慢,因此要掌握煤炉的性能,要根据舍温及时添加煤炭和调节通风量,确保温度平稳。在安装过程中,烟囱由炉子到室外要逐步向上倾斜,漏烟的地方用稀泥封住,以利于煤气排出。若安装不当,煤气往往会倒流,造成舍内煤气浓度大,甚至导致小鸡煤气中毒。

在较大的育雏舍内使用煤炉升温育雏时,往往要考虑辅助升温设备。因为单靠煤炉升温,在早春要达到所需的温度,虽然消耗较多的煤炭也难以达到理想的温度。在具体应用中,用煤炉将舍温升高到15℃以上,再考虑使用电热伞或煤气保温伞育雏以及其他辅助加温设备,这样既节省燃料和能源成本,也能预防煤炉熄灭、温度下降而无法及时补偿的缺陷。

(3)保温伞育雏　保温伞可用铁皮、铝皮、木板或纤维板制成,也可用钢筋和布料制成,热源可用电热丝或电热板,也可用石油液化气燃烧供热。伞内附有乙醚膨胀饼和微动开关或电子继电器与水银导电表组成的控温系统。在使用过程中,可按雏鸡不同日龄对温度需要来调整调节器的旋钮。保温伞育雏的优点是：可以人工控制和调节温度，升温较快而平衡，室内清洁，管理较为方便，节省劳力，育雏效果好。使用保温伞育雏要有相当的舍温来保证。一般说来，舍温应在15℃以上，保温伞才有工作和休息的间隔。如果保温伞一直保持运转状态，会烧坏保温伞，缩短使用寿命。另外，如遇停电，在没有一定舍温情况下，温度会急剧下降，影响育雏效果。通常情况下，在中小规模的鸡场中，可采用煤炉维持舍温，采用保温伞供给雏鸡所需的温度。炉温高时，舍温也较高，保温伞可停止工作；炉温低时，舍温相对降低，保温伞自动开启。这样在整个育雏过程中，不会因温差过高或过低而影响雏鸡健康。

(4)电热板或电热毯育雏 原理是利用电热加温，小鸡直接在电热板或电热毯上取得热量。电热板和电热毯配有电子控温系统以调节温度。

(5)红外线灯育雏 指用红外线灯发的热量育雏。市售的红外线灯为250瓦，红外线灯一般悬挂在离地面35～40厘米的高度，在使用中红外线灯的高度应根据具体情况来调节。雏鸡可自由选择离灯较远处或较近处活动。红外线灯育雏的优点是：温度均匀，舍内清洁。但是，一般也只做辅助加温，不能单独使用。否则，灯泡易损，耗电量也大，热效果不如保温伞好，成本也较大，一盏红外线灯使用24小时耗电6度，费用昂贵。停电时温度下降快。

(6)远红外育雏 即采用远红外板散发的热量来育雏。根据育雏舍面积大小和育雏温度的需要，选择不同规格的远红外板，安装自动控温装置进行保温育雏。使用时，一般悬挂在离地面1米左右的高度。也可直立地面，但四周需用隔网隔开，避免小鸡直接接触而烫伤。每块1000瓦的远红外板的保暖空间可达10.9立方米，其热效果和用电成本优于红外线灯,并且具有其他电热育雏设备共同的优点。

3. 网上育雏 网上育雏是把雏鸡饲养在铁丝网、特制的塑料网或竹帘上,网眼大小一般不超过1.2厘米见方。加温方法可采用暖气、煤炉或地下烟道等多种方法。网上育雏的优点是:可节省大量垫料,鸡粪可落入网下,全部收集和利用,增加效益。此外,由于雏鸡不接触鸡粪和地面,环境卫生能得到较好的改善,减少了球虫病及其他疾病传播的机会。还由于雏鸡不直接接触地面的寒、湿气,降低了发病率,育雏成活率较高。但要注意日粮中营养物质的平衡,满足雏鸡对各种营养物质的需要,达到既节省成本,又提高育雏效果的目的。

4. 自温育雏 在农村,大多数养鸡户因没有条件建造有保温和加温系统的育雏舍,因此往往采用多种方法自温育雏,用具简单,各有特色。

(1)稻草窝育雏 其方法是用稻草编成草窝,上口直径为50~60厘米,底面直径为80~100厘米,可养100只鸡至2周龄。在稻草窝底用10厘米左右厚度的短稻草、稻壳或锯木屑作为垫料,在窝的上口盖棉被、棉毯以保温,完全靠雏鸡散发的温度维持环境温度。进雏前可在垫料下放3~4个装满热水的盐水瓶。每隔2小时,将雏鸡放出窝外喂食、饮水、运动半小时左右,再捉回窝内。要经常检查窝内的温度是否适宜雏鸡的生长发育,如果温度较高,则可掀去厚的覆盖物,换上较薄的覆盖物,或掀开一些覆盖物以散发热量,或疏散鸡群密度以降温;如果温度偏低,则可将布毯换成棉衣、棉被等盖上,或加大鸡群密度来提高窝内温度。值得注意的是,在温度偏低而加盖棉被时,要注意不可盖得太严实,以防闷死雏鸡;反之,在窝内温度偏高,雏鸡羽毛潮湿时,不能马上掀去布毯或棉被,要掀开部分,让窝内温度慢慢下降,使雏鸡羽毛逐渐干燥。

(2)筢斗、纸箱和箩筐育雏　其方法和注意事项同稻草窝育雏。

自温育雏的方法很多,但都是利用自然物体加盖覆盖物的保温性,以及调整鸡群密度来调节温度的。其优点是:节约能源,降低饲养成本。但管理上比较严格,要避免雏鸡扎堆压死和闷死,要做到早上看鸡的精神,晚上看鸡的食欲,休息时看鸡的睡眠,掌握好温度。自温育雏是比较原始的饲养方法,只适于小群饲养,有条件时尽可能采用如上所述各种人工给温育雏的方法,这样才会获得更好的饲养效果。

(三)育雏前的准备工作

为了顺利完成育雏计划,育雏前要做好充分的准备,其内容是明确育雏人员及其分工;制定育雏计划,如育雏批次、时间、雏鸡品种、数量、来源等;准备好饲料、垫料及所需药品;做好育雏舍及用具的维修;制定免疫程序等。

1. 育雏季节的选择　在人工完全控制鸡舍环境的条件下,全年各季都可育雏,但开放式鸡舍,由于人工不能完全控制环境,则应选择合适的育雏季节。季节不同,雏鸡所处环境不一样,对其生长发育和成鸡的产蛋性能均有影响。育雏可分为春雏(3~5月份)、夏雏(6~8月份)、秋雏(9~11月份)和冬雏(12月份至翌年2月份)。开放式鸡舍育雏以春季育雏效果最好,秋、冬季育雏次之,盛夏育雏效果最差。

春季气温逐渐转暖,白天渐长,空气干燥,疫病容易控制,因此春雏生长发育快,体质结实,成活率高。而且育成期正处于夏秋季节,在舍外有充分活动和采食青饲料的机会,体质结实,待9～10月份开始产蛋,第一年产蛋期长,产蛋多,蛋大,种蛋合格率高。夏季育雏,虽然可充分利用自然温度和丰盛的饲料条件,但气温高,雨水多,湿度大,如果饲养管理稍差,则雏鸡就会表现食欲不佳,易患白痢、球虫等病,发育受阻,成活率低。育成期天气变寒,舍外运动机会少,当年不易开产,第一年产蛋期短,产蛋量少。

2. 育雏设施准备

(1)鸡舍修缮和设备修理　育雏前1周对鸡舍要进行全面检查和修缮,主要目的是为了保温。凡门、窗、墙、顶棚、屋顶等有损坏的都要及时修好,特别要严防穿堂风和漏雨。但在窗户的上角要留一个风斗,便于换气。老鼠洞要堵严,以防伤害鸡和偷吃饲料。灯光要调节好,按每平方米2～3瓦设置,要使舍内各处照度均匀。运动场的篱笆要围好。

鸡笼、食槽、水槽等要修理好,注意料槽上面的翻滚横梁是否灵活。其他调配饲料的用具也要维修妥当,安装好煤炉和烟囱,严防漏烟。

(2)消毒　要把旧鸡舍内和运动场地面的旧土彻底清理出去,换上新土。舍内是水泥地面的,可先用清水刷洗干净,再洒上2%氢氧化钠溶液消毒。墙壁用10%石灰乳刷白。有过鸡球虫传染病的鸡舍,要用喷灯火焰把室内外地面喷烧一遍,再把鸡舍门窗关严,按内空间体积每立方米用5.5克高锰酸钾加11毫升福尔马林溶液熏蒸,经过1～2天封闭以后打开门窗通风换气。鸡舍消毒完毕之后,人员进出必须通过门口的消毒池(内有2%的氢氧化钠溶液),避免再次污染。运动场的篱笆用2%的氢氧化钠溶液喷洒消毒。

料槽、饮水器、运雏箱和饲养用具都要先用水洗刷干净,然后放在阳光下晒干,并用消毒剂消毒。塑料用品、麦秸、稻草、沙子都应在阳光下反复翻动,充分暴晒干燥。不得使用霉烂的麦秸和稻草,否则易引起曲霉菌病。

(3)准备好垫料、育雏器护板和照明灯　进雏前几天,铺置3～5厘米厚的干净垫料。垫料切忌霉烂结块,要求干燥、清洁、柔软、吸水性强、灰尘少、无尖硬杂物。常用的垫料有稻草、麦秸、碎玉米轴、锯末、刨花等。优良的垫料对雏鸡腹部有保温作用。

垫料以沙最好,鸡舍垫沙有如下好处:①沙能吸湿,有利于保持鸡舍的干燥;②利于鸡消化;③有利于鸡散热,尤其在夏季,由于鸡没有汗腺,主要通过翅膀散热,沙子导热性好,鸡躺在沙上,可通过皮肤与沙子的接触直接向外散热;④能够给鸡提供沙浴,促其消化、生长。

在保温伞外围上育雏器护板,在开始育雏时防止雏鸡远离热源。在保温伞下安置一盏照明灯日夜照明,目的是训练雏鸡集中靠近热源处,也为寻食、寻水提供方便。照明灯的功率不宜大,在育雏的最初2～3天内使用,待雏鸡熟悉保温伞之后即可撤去。

(4)试温　雏鸡进场前2天,育雏舍和保温伞要进行调温、试温。舍温要求达到育雏开始时的温度,一切设施均要进行检查,并经过2次运转试用,证明正常后才可投入使用,避免日后出现故障,影响生产。保温伞不能在雏鸡到达的前一天就预先开启,这样会使伞下的垫料过于干燥,雏鸡放进育雏舍的保温伞下后会失水过多而有发生脱水的危险。

3. 水、料、药准备

(1)供水　初生雏鸡从温度较高的孵化器出来,在出雏室停留,或经过长途运输,都必须适时供应饮水。初生雏鸡到达之前应在育雏舍内设置充裕的饮水器,每100只雏鸡应用2

个4.5升大小的塔式饮水器。饮水器要放在保温伞边缘之外的垫料上,均匀分布,并使饮水器高度适合雏鸡饮用。此时最重要的是保证每只雏鸡有充裕的饮水位置,而并非供应的水量。饮水器在雏鸡到达前4小时应装好水,并在此时开启保温伞,这样就可给饮水加温。饮水适宜的温度在18℃以上,不能供应凉水。饮水必须清洁,最好是凉白开水。

(2)饲料准备 雏鸡的饲料要求新鲜,品质良好,颗粒大小适中,易于采食,且营养丰富,易消化,最好选用全价配合饲料。

(3)药物准备 育雏常备的抗菌药有环丙沙星、恩诺沙星、新霉素、氟哌酸、北里霉素等。常用的消毒药有百毒杀、过氧乙酸、抗毒威、高锰酸钾、福尔马林等。

(四)接运雏鸡

选择质量好的雏鸡是养鸡成败的关键所在,一定要从可靠的种鸡场订雏鸡。为使鸡群健康和生长发育整齐一致,育雏前必须进行雏鸡的选择。一般根据出壳时间和雏鸡的外部形态判断其强弱。健雏应符合下列条件:①在正常的时间范围内出壳;②体重符合品种标准;③雏鸡的绒毛松软,清洁有光泽,长短正常,腹部大小适中,柔软,脐部愈合良好,干燥,上覆有绒毛(凡脐孔大、钉脐、卵黄囊外露、无绒毛覆盖者均属不良的雏鸡);④雏鸡表现活泼,脚干结实,反应快,鸣叫响亮,触感饱满,挣扎有力。

雏鸡在出雏后24小时内必须注射马立克氏疫苗。如果本场孵化雏鸡,注射完疫苗后就可接到育雏舍,不要等到全部出雏完毕才接,这样可防止因孵化车间温度低而使雏鸡着凉或失水。

从外场接雏,要按孵化场的通知,提前到达接雏地点。因为有时候出雏时间可能提前或推迟半天。应及时把雏鸡运回,防止雏鸡开食过迟而影响成活率。长途运输超过1天的更要按时出发,以便把雏鸡及时运回。

长途运输要按每80~100只装进分成4等份雏鸡箱中,夏天装80只,冬天装100只。雏鸡箱用过后要烧毁,不可再用,以免传染疾病。装雏前运输工具要消毒。装雏时雏鸡箱之间要有通风的间隙,夏天更要注意此点,切忌用敞篷车运雏鸡。运雏车内空气要新鲜,车内严禁吸烟。途中要经常注意观察雏鸡箱是否歪斜、翻倒。不要急刹车,道路不平要开慢些、稳些,防止颠簸。天气炎热时,每走1~2小时,最好停车把雏鸡箱上下层调换一下位置,以防过热把雏鸡闷死。雏鸡张嘴,叫声嘈杂,身上潮湿,这是过热的表现,要注意通风;冬季运输,如果雏鸡打堆,唧唧鸣叫,说明过冷,要适当加盖防寒物,但一定要注意通风。除突发事故外,要防止寒风直吹到雏鸡身上。运雏时间以上午9时至下午4时为好,炎热的夏天要避开中午,冬、春季尽量在好天中午接运。

雏鸡进入育雏舍,雏鸡箱要散放,特别是夏天如果堆在一起,容易闷死雏鸡。先将雏鸡箱散放在舍内歇息10分钟左右,再清点雏鸡,放进育雏器或保温伞下。清点雏鸡时同时将途中死亡和受伤的雏鸡挑出来。

(五)雏鸡的饲养管理

1. 合适的温度 温度是育雏成败的关键,必须严格、正确地掌握。育雏温度指育雏舍和育雏器的温度。育雏舍的温度要比育雏器边缘的温度低些,育雏器边缘的温度又比育雏器内温度低些,形成一定的温差,促使空气对流,使雏鸡能够自由选择适合自己所需的温度(表 6-3)。如果采用舍内整体加温(如用煤炉或火炕取暖),舍内温度应达到表 6-3 中育雏器所要求的温度。

表 6-3 育雏期合适的温度 (℃)

周　　龄	育雏器温度	舍内温度
1~2 天	35	24
1 周	35~32	24
2 周	32~29	24~21
3 周	29~27	21~18
4 周	26~24	18~16
4 周以后	23~20	16

注:①表中所列育雏器温度是离底网 5~10 厘米高处的温度,在育雏舍内这样高的位置上至少应挂一个温度计

②每周降温幅度不能过大,一般以不超过 3℃为宜

雏鸡个体小,绒毛稀,特别是刚出壳的雏鸡,周身毛孔还张开着,不能适应天气的变化。温度过低,雏鸡容易扎堆,着凉腹泻;温度过高,容易引起食欲下降或呼吸器官疾病。因此,要按适当的温度标准,随时调节温度,以维持雏鸡正常生长发育所需的温度。如果限于条件,达不到育雏所需温度时,略低 1℃~2℃也不要紧,但必须做到温度恒定,切忌忽高忽低,因为在忽冷忽热的育雏环境中,雏鸡最容易发生疾病,造成死亡。

衡量温度是否合适,除看温度表外,最可靠的方法是观察雏鸡的动态。温度合适时,雏鸡表现活泼好动,羽毛光滑整齐,食欲旺盛,展翅伸腿,行动敏捷,睡眠安静,睡姿伸头舒腿,雏鸡均匀地散布在热源周围;温度过低时,雏鸡表现行动迟缓,缩颈弓背,闭眼尖叫,睡眠不安,雏鸡向热源附近集中,互

相挤压,层层堆积;温度过高时,鸡群远离热源,张嘴喘气,呼吸很快,时常喝水。因此,必须经常注意观察雏鸡的动态,及时调整温度。

管理雏鸡第一周是关键时期,尤其前3天最为重要。必须昼夜有人值班,细心照料。切不可麻痹大意,避免造成经济损失。

2. 适宜的湿度 10日龄前的雏鸡,需要较高的舍温,但是当舍温提高后,相对湿度就会随之下降。舍温提高1℃,湿度下降3.5%～4%。雏鸡生活在过于干燥的环境中,容易脱水,表现为饮水量增加,蛋黄吸收不良,脚趾干瘪,羽毛发脆脱落,发育不整齐。有的因灰尘刺激呼吸道黏膜,诱发呼吸道疾病。因此,10日龄以前的雏鸡应注意增加舍内的湿度,使相对湿度保持在60%～70%。10日龄后,雏鸡呼吸量、饮水量、排粪量相应增加,室内容易潮湿。此时要注意通风换气,勤换垫草,降低湿度,使相对湿度保持在55%～60%,避免发生球虫病和真菌病。

3. 新鲜的空气 雏鸡生长发育迅速,代谢旺盛。育雏舍内鸡群密集,雏鸡呼吸快,排出大量二氧化碳。雏鸡排出的粪便,经微生物分解,不断地产生氨气和硫化氢等不良气体。如果这些气体不及时排出,则会影响雏鸡健康,致使雏鸡食欲减退、生长缓慢、体质变弱等,也可诱发其他疾病。因此,育雏舍内应加强通风换气,及时补充新鲜空气。我国无公害养殖GB18407.3规定:氨的卫生标准,场区<5毫克/米^3,育雏舍<8毫克/米^3,育成和成鸡舍<8毫克/米^3;硫化氢的卫生标准,场区<3毫克/米^3,育雏舍<3毫克/米^3,育成和成鸡舍<15毫克/米^3;二氧化碳的卫生标准,场区<750毫克/米^3,育雏、育成和成鸡舍均为2950毫克/米^3。

通风换气的方法有自然通风和机械通风两种。密闭式鸡舍或饲养密度较大的非密闭式鸡舍采用机械通风,如装排气扇或通风机等。开放式鸡舍采用开闭门窗大小来控制通风。为防止通风后舍内温度降低,通风前应将室内温度升高1℃～2℃。自然通风应选在晴天较暖和的中午并逐渐开大门窗。为防冷风直吹舍内,可在窗口、门口加挂帘子。

4. 正确的光照 光照时间的长短及光照强度对鸡的生长发育和性成熟有很大影响。优质黄羽肉鸡的光照制度与肉用仔鸡有所不同,肉用仔鸡光照是延长采食时间,促进生长,而优质地方鸡又增加了促进其性成熟,使其上市时冠大面红。同时,目前市场需要小体重的鸡,生产上需要性成熟提前于体成熟。光照太强影响休息和睡眠,并会引起啄羽、啄肛等恶癖;光照过弱则不利于饮水和采食,不利于促进其性成熟。合理的光照制度有助于提高优质黄羽肉鸡的生产性能,使其性早熟。青光、黄光等不宜使用,因为其易促使鸡产生恶癖。另外,平时要保持灯泡、灯罩干净、无灰尘,每周擦拭1次。

幼雏1～3日龄视力弱,为便于采食和饮水,一般采用24小时的光照。3日龄后每昼夜23小时光照,1小时黑暗。停止1小时光照的目的是让雏鸡适应和习惯这种黑暗的环境,以防在停电时发生惊群。为了节约能源,开放式鸡舍在3日龄以后采用自然光照。但光线过强时,要注意窗户适当遮光。

在雏鸡入舍的前几天必须给予充足的光照,使雏鸡容易找到饲料和饮水,此时光照强度20勒,即每平方米约5瓦灯泡照度。以后光照强度减到5～10勒,即每平方米约1.3～2.5瓦灯泡照度。另外,也有人建议采用更高的光照强度,1～3日龄采用60勒(每平方米约15瓦灯泡照度)的光照强度,以后整个生长期采用30～40勒(每平方米约7.5～10瓦灯泡照度)光照强度,以促进性成熟。

5. 雏鸡的饮水　　进育雏室后,先让雏鸡饮温水 2～3 小时。出壳后的幼雏腹部卵黄囊内部还有一部分卵黄尚未吸收完,这部分营养物质要经过 3～5 天才能基本吸收完。尽早利用卵黄囊的营养物质,对幼雏生长发育有明显的效果。雏鸡饮水能加速卵黄囊营养物质的吸收利用。另外,雏鸡在育雏室的高温条件下,因呼吸蒸发量大,需要饮水来维持体内水代谢的平衡,防止脱水死亡。

1～3 日龄,水温要求为 16℃～20℃。饮水中加入 5％蔗糖、电解质、多种维生素和抗生素,可增强雏鸡抵抗力。1～2 周龄的雏鸡,要求水温与舍温相近,可用凉水预温来解决。应做到饮水不断,随时自由饮用。间断饮水使鸡群干渴,造成抢水,且易使一些雏鸡被挤入水中淹死,或身上沾水后冻死。即使使用真空饮水器也难以避免这种现象发生。

6. 雏鸡开食和饲喂　　雏鸡经过 3 小时充分饮水之后,开始投喂饲料,这就叫作开食。开食的迟早直接影响雏鸡的食欲、消化和以后的生长发育。出壳→干毛→饮水→开食,这个过程一般为 24～36 小时。一般认为雏鸡出壳后 21 小时饮水、24 小时开食最为合适,最多不要超过 48 小时。

1～3 日龄时把饲料撒在纸上或平盘上,每天换纸 1 次或洗盘 1 次,4～6 日龄后改用料槽和料桶饲喂。雏鸡要喂优质的配合饲料,干喂或稍微拌湿投喂均可。开食初期,可能只有一部分雏鸡啄吃饲料,这些雏鸡一般是早出壳的。大部分雏鸡都在适宜的温度下卧息。睡醒后的雏鸡就会慢慢地仿效正在吃食的雏鸡学着吃料。除非是病弱的个体,从本能出发雏鸡有饥饿感时就自然寻找食物,一般出壳 1 天左右全部雏鸡均能学会吃料。

雏鸡开食应该喂给新鲜配合饲料。有些地区群众习惯用小米、碎玉米或碎大米喂雏鸡。其实这种习惯不好,因为单纯用某一饲料营养不全面,蛋白质水平太低,长期使用,生长发育就会受影响。有这种习惯的地方,3天之内用水泡过的小米喂食是可以的,以后必须饲喂配合饲料。根据黄羽肉鸡类型和生长速度的不同,应当配制不同营养水平的全价配合饲料。国家标准《鸡的营养需要》(参见书后附录)规定,黄羽肉鸡育雏期(0~4周龄)的营养需要为代谢能12.12兆焦/千克,粗蛋白质21%,赖氨酸1.05%,蛋氨酸+胱氨酸0.85%,钙1.00%,非植酸磷(有效磷)0.45%。笔者认为,上述指标适合于快速型黄羽肉鸡。以地方品种为代表的慢速型黄羽肉鸡由于生长速度相对较慢,饲料中的营养水平可以适当降低,其中代谢能12.12兆焦/千克,粗蛋白质19%,赖氨酸0.95%,蛋氨酸+胱氨酸0.85%,钙1%,非植酸磷(有效磷)0.45%。

黄羽肉鸡育雏期推荐饲料配方见表6-4和表6-5。各地可根据当地的实际情况进行选用。

表6-4 快速型黄羽肉鸡育雏期(0~4周龄)推荐饲料配方

	配方编号	配方1	配方2	配方3	配方4	配方5	配方6	配方7
饲料配合比例(%)	玉 米	58.9	55.3	41.92	54.4	61.05	55.3	59.3
	碎 米				10.0			
	次 粉				8.0		5.0	
	豆 粕	33.0	38.0	28.0	18.0	22.0	30.0	37.0
	膨化大豆粉				18.0			
	花生仁粕				10.0			

续表 6-4

	配方编号	配方1	配方2	配方3	配方4	配方5	配方6	配方7
饲料配合比例（%）	棉籽粕			3.0	3.0	3.0		
	菜籽粕		3.0	3.0		3.0		
	鱼粉	3.0		3.0				
	植物油	2.0	3.0	3.0				
	磷酸氢钙	1.4	1.8	1.4	1.7	1.8	1.7	1.8
	碳酸钙	1.3	1.4	1.3	1.4	1.4	1.4	1.4
	食盐	0.2	0.3	0.2	0.3	0.3	0.3	0.3
	赖氨酸					0.20	0.1	
	蛋氨酸	0.2	0.2	0.18	0.18	0.25	0.2	0.18
	合计	100.0	100.0	100.0	100.0	100.0	100.0	100.0
营养成分	代谢能（兆焦/千克）	12.20	12.22	12.45	12.40	11.74	11.49	11.6
	粗蛋白（%）	21.26	21.17	20.97	21.24	21.08	20.96	21.07
	赖氨酸（%）	1.09	1.06	1.05	1.07	1.00	1.04	1.05
	蛋+胱（%）	0.88	0.86	0.86	0.86	0.83	0.86	0.85
	钙（%）	1.00	1.01	1.01	1.00	0.99	1.00	1.01
	总磷（%）	0.67	0.67	0.70	0.68	0.67	0.67	0.67
	非植酸磷（%）	0.46	0.45	0.47	0.46	0.46	0.46	0.45

注：另根据需要加入多种维生素和微量元素等添加剂。

表6-5 慢速型黄羽肉鸡育雏期(0~6周龄)推荐饲料配方

	配方编号	配方1	配方2	配方3	配方4	配方5	配方6	配方7
饲料配合比例（%）	玉米	65.95	63.05	62.7	65.60	48.7	59.42	60.3
	碎米					10.0		
	次粉					8.0	8.0	5.0
	豆粕	26.5	32.0	18.0	31.0	24.0	15.0	18.0
	膨化大豆粉			10.0				
	花生仁粕						8.0	10.0
	棉籽粕			3.0		3.0	3.0	
	菜籽粕			3.0		3.0	3.0	
	鱼粉	3.0						
	植物油	1.5	1.5					
	磷酸氢钙	1.4	1.7	1.5	1.6	1.5	1.5	1.5
	碳酸钙	1.3	1.2	1.3	1.3	1.3	1.3	1.4
	食盐	0.2	0.3	0.3	0.3	0.3	0.3	0.3
	赖氨酸			0.1	0.05	0.1	0.3	0.3
	蛋氨酸	0.15	0.15	0.1	0.15	0.15	0.18	0.2
	合计	100.0	100.0	100.0	100.0	100.0	100.0	100.0
营养成分	代谢能（兆焦/千克）	12.36	12.17	12.28	11.88	11.81	11.85	12.03
	粗蛋白(%)	19.02	19.20	19.15	19.03	19.20	19.23	18.95
	赖氨酸(%)	0.95	0.94	0.99	0.96	0.95	1.00	0.99
	蛋+胱(%)	0.78	0.77	0.73	0.77	0.78	0.76	0.75
	钙(%)	0.98	0.90	0.91	0.91	0.91	0.90	0.92
	总磷(%)	0.65	0.64	0.63	0.62	0.66	0.64	0.60
	非植酸磷(%)	0.45	0.42	0.41	0.41	0.41	0.41	0.40

注：另根据需要加入多种维生素和微量元素等添加剂。

不同类型的黄羽肉鸡,由于其生长速度的不同,每天的采食量也不一样(表6-6,表6-7)。生长速度快的鸡,每天的喂料量也应该多一些,对于肉用的商品鸡来说,应该尽量让其自由采食,以便充分发挥其生长潜力。对于体型大的种鸡或者蛋用鸡来讲,则应该进行适当的控制,避免生长发育太快。

表6-6 快速型黄羽肉鸡体重及耗料量

周龄	周末体重(克/只)		日耗料量(克/只)		累计耗料量(克/只)	
	公鸡	母鸡	公鸡	母鸡	公鸡	母鸡
1	88	89	11	10	76	70
2	199	175	29	19	277	200
3	320	253	38	20	546	342
4	492	378	53	38	917	608
5	631	493	74	42	1433	907
6	870	622	90	51	2065	1261
7	1274	751	107	51	2816	1620
8	1560	949	103	68	3535	2099
9	1814	1137	119	76	4371	2633
10		1254		77		3028
11		1380		78		3577
12		1548		79		4130

表6-7 慢速型黄羽肉鸡体重及耗料量

周龄	周末体重(克/只)		日耗料量(克/只)		累计耗料量(克/只)	
	公鸡	母鸡	公鸡	母鸡	公鸡	母鸡
1	64	63	9	8	62	58
2	117	113	16	15	174	160

续表 6-7

周龄	周末体重(克/只)		日耗料量(克/只)		累计耗料量(克/只)	
	公鸡	母鸡	公鸡	母鸡	公鸡	母鸡
3	192	185	24	23	344	320
4	290	270	35	33	589	550
5	405	365	42	39	884	825
6	530	475	49	46	1224	1145
7	666	600	56	53	1614	1513
8	810	725	63	58	2054	1921
9	960	850	70	61	2544	2351
10	1107	970	74	64	3064	2801
11	1255	1080	80	67	3624	3271
12	1390	1180	84	71	4214	3766
13	1504	1275	89	74	4836	4286
14	1610	1368	93	76	5490	4816
15	1720	1460	97	79	6170	5372
16	1833	1545	103	82	6888	5947

饲喂次数，1~2周龄每天喂4~6次，其中早5时和晚22时必须各喂1次。3~4周龄每天喂4次，5周以后每天喂3次。如果是笼养或小床育雏，从3周龄起可以自由采食。也就是将1天的饲料1次投入，雏鸡随时都能采食。但这样做必须是槽在笼(网)外，鸡能采食，不能进入槽内。还应注意每天的喂料量，能当天基本吃完，不存底，避免雏鸡挑食，造成摄入的营养物质不平衡。

7. 实行"全进全出"的饲养制度 现代养鸡生产几乎都

采用"全进全出"的饲养制度。所谓"全进全出"制度是指同一栋鸡舍在同一时间里只饲养同一日龄的鸡,又在同一天出场。这种饲养制度简单易行,优点很多。在饲养期内管理方便,易于控制适当的温度,便于机械作业。出场以后便于彻底打扫、清洗、消毒,切断病原的循环感染。熏蒸消毒后,空舍1~2周,然后再开始下一批鸡的饲养,这样可保持鸡舍的卫生与鸡群的健康。这种"全进全出"的饲养制度比在同一栋鸡舍里几种不同日龄的鸡同时存在的连续生产制增重快、耗料少、死亡率低。

饲养者可根据鸡舍、设备、人员、雏鸡来源等情况,制定全年养鸡的批量生产计划、养鸡数、休整时间和消毒日程表。

8. 做好优选及淘汰工作 为了保持鸡群整齐度,生产出优质产品,提高经济效益,必须对鸡群实行优选。淘汰时应注意以下5点:①死亡率高度集中期间每天进行淘汰;②3周龄前进行严格淘汰,因为此时淘汰经济损失较小;③对于离群病雏,应经周密检查进一步证实无发展前途后进行淘汰;④雏鸡一旦出现跗关节扭曲或瘫痪,就将其淘汰,避免消耗大量饲料(因为这些鸡只通常发展成囊肿,使胴体几乎降低两个等级);⑤患有慢性病的鸡影响其他鸡体的健康,必须淘汰。这些鸡表现为抑郁、嗜眠等症状,以及脚部冰凉、脚和喙缺少色素、眼睛迟钝、冠髯苍白等。

9. 公母分群饲养 根据公、母雏鸡的不同生理特点,随着自别雌雄商品鸡种的培育和初生雏鸡雌雄鉴别技术的提高,近年来许多优质黄羽肉鸡的生产者采用公母分群的饲养制度。

(1)公母分群饲养的优越性 公、母分群后,同一群体中个体间差异较小,均匀度提高,便于机械化屠宰加工,可提高产品的规模化水平。由于公、母鸡在生长速度和饲料转化率方面的差异,可确定不同的上市日龄,以适应不同的市场需求。另外,公、母鸡分群饲养比混养时的增重快并节省饲料,每千克体重耗料可减少1.5%左右。

(2)公母分群饲养的科学依据 公、母雏鸡性别不同,其生理基础有所不同,因而对生活环境、营养条件的要求和反应也不同。主要表现为:生长速度不同,公鸡生长快,母鸡生长慢,6周龄时公鸡体重比母鸡重20%;沉积脂肪的能力不同,母鸡比公鸡沉积脂肪的能力强得多,反映出对饲料要求不同;羽毛生长速度不同,公鸡长羽慢,母鸡长羽快;表现出胸囊肿的严重程度不同;对温度的要求也不同。

(3)公母分群后的饲养管理措施 主要有以下4个方面。

①按经济效益分期出场 例如,根据优质黄羽肉鸡的生长发育规律,一般公鸡最佳出场日龄为90天左右,母鸡为120天左右。

②按公母调整日粮营养水平 公鸡能更有效地利用高蛋白质日粮。饲喂高蛋白质饲料能加快公鸡生长速度,而且在体内主要是增加蛋白质。公鸡前期日粮可以把蛋白质水平提高到22%。母鸡不能有效地利用高蛋白质饲料,而且多余的蛋白质在体内转化为能量,沉积脂肪,很不经济。在饲料中添加赖氨酸后公鸡反应迅速,生长速度和饲料报酬都有明显提高,而母鸡反应很慢。

③按公母提供适宜的环境条件 公鸡羽毛生长慢、体型大,胸部囊肿比母鸡严重,应提供松软的垫料,并增加垫料厚度,加强垫料管理。公鸡前期长羽速度慢,要求舍温稍高些,后期公鸡比母鸡怕热,舍温以稍低些为宜。

④分群饲养要注意防疫卫生,防止意外事故 要彻底搞

好鸡舍及舍内设备消毒；厚垫料饲养应特别重视对厚垫料的管理，不能忽视鸡只一直生活在垫料上这一基本情况；注意观察接种疫苗的实际效果，免疫后最好进行血清检测，以证明免疫的实际效果；重视舍外环境消毒。

10. 适时断喙　断喙就是切去一部分"鸡嘴"。特别是地方鸡生性好斗，在育雏过程中，由于密度过大，光照太强，通气不良，饲料配合不当，某些氨基酸或微量元素缺乏，致使鸡群发生啄癖（雏鸡和中、大鸡阶段主要是啄羽、啄趾，开产以后主要是啄肛）。啄癖发生后鸡群骚乱不安，互啄出血，追逐不舍，如不及时采取措施，则会造成严重损失。断喙能有效地防止啄癖的发生，使鸡喙失去啄破能力而又不影响采食。另外，断喙可避免挑食，还能减少部分饲料浪费。

（1）断喙的时间、方法和工具　一般情况下雏鸡在10日龄前后断喙，种用鸡在育成期14～16周龄尚需进行第二次断喙。方法是，上喙断去1/2，下喙断1/3。断喙工具要用断喙器，也可用200瓦电烙铁，连切带烫，防止出血，同样能取得良好效果。

（2）断喙应注意事项　断喙器有一定的热度，切面要整齐；断喙后鸡嘴上短下长，才符合要求；断喙过长不易止血，一定要止血后才能放手；断喙前后2～3天在饲料和饮水中补充维生素K；鸡群患病或免疫接种时不进行断喙，以减少应激。

11. 环境卫生及防疫　雏鸡弱小，抗病力差，搞好环境卫生、疫苗接种及药物防治工作，是养好优质黄羽肉鸡的重要保证。鸡舍的入口处要设消毒池，垫料要保持干燥，饲喂用具要经常刷洗，并定期用0.2%的高锰酸钾溶液浸泡消毒。严格执行卫生防疫消毒制度，饲养用具要专人专用，谢绝无关人员入舍参观。

四、生长期的饲养管理

优质黄羽肉鸡生长期的商品鸡也称中鸡,快大型黄羽肉鸡为5~8周龄,慢速型(高档型)黄羽肉鸡为7~11周龄。此时育雏已结束,鸡体增大,羽毛渐趋丰满,鸡只已能适应外界环境温度的变化,是生长高峰时期,也是骨架和内脏生长发育的主要阶段,期间采食量将不断增加。这个时期要使鸡的机体得到充分的发育,羽毛丰满,健壮。这一阶段的饲养管理与育雏期有相似之处,但由于其本身的特点,生产上应着重做好以下几方面工作。

(一)调整饲料营养

中鸡阶段发育快,长肉多,日采食量增加迅速,获取的蛋白质营养较多,应专门配制相应的饲料,促进生长。因此,根据此阶段鸡的营养需要特点,及时更换相应的饲料是保证其生长发育的重要手段。

鸡生长期日粮中蛋白质、氨基酸、钙、磷等营养指标可比育雏期降低10%左右。国家标准《鸡的营养需要》(见书后附表)中规定,黄羽肉鸡生长期日粮中的营养需要为:代谢能12.54兆焦/千克,粗蛋白质19%,赖氨酸0.98%,蛋氨酸+胱氨酸0.72%,钙0.90%,非植酸磷(有效磷)0.4%。以上标准主要适合于快速型黄羽肉鸡。慢速型黄羽肉鸡生长期可参考以下营养需要指标:代谢能12.12兆焦/千克,粗蛋白质17%,赖氨酸0.84%,蛋氨酸+胱氨酸0.68%,钙0.85%,非植酸磷(有效磷)0.4%。黄羽肉鸡生长期推荐饲料配方见表6-8。

表 6-8　黄羽肉鸡生长期推荐饲料配方　(%)

	配方编号	快速型黄羽肉鸡(5~8周龄)			慢速型黄羽肉鸡(7~11周龄)		
		配方1	配方2	配方3	配方4	配方5	配方6
饲料配合比例(%)	玉米	61.58	61.97	63.35	68.7	68.97	68.0
	麸皮	—	—	5.0	—	—	5.0
	豆粕	32.0	20.30	12.0	26.0	14.2	10.0
	花生仁粕	—	5.0	10.0	—	5.0	7.5
	棉籽粕	—	3.0	3.0	—	3.0	3.0
	菜籽粕	—	3.0	3.0	—	3.0	3.0
	植物油	3.0	3.2	—	—	2.0	2.4
	磷酸氢钙	1.6	1.6	1.6	1.6	1.6	1.5
	碳酸钙	1.3	1.3	1.3	1.2	1.2	1.2
	食盐	0.3	0.3	0.3	0.3	0.3	0.3
	赖氨酸	0.1	0.21	0.3	0.05	0.2	0.25
	蛋氨酸	0.12	0.12	0.15	0.12	0.13	0.15
	合计	100.0	100.0	100.0	100.0	100.0	100.0
营养水平	代谢能(兆焦/千克)	12.51	12.53	11.65	12.54	12.60	11.82
	粗蛋白(%)	19.13	19.07	18.81	17.11	17.04	17.10
	赖氨酸(%)	1.01	0.98	0.95	0.84	0.84	0.84
	蛋+胱(%)	0.73	0.71	0.71	0.69	0.67	0.68
	钙(%)	0.92	0.92	0.91	0.86	0.87	0.85
	总磷(%)	0.62	0.64	0.67	0.60	0.62	0.64
	非植酸磷(%)	0.41	0.42	0.43	0.40	0.41	0.41

注：另根据需要加入多种维生素和微量元素等添加剂。

黄羽肉鸡生长期采食量增加很快,为此从饲喂上应当保证饲料的充足供应。每天应喂料3次,早、中、晚各1次。或总是保证饲槽有料供应,任鸡自由采食。但要控制当天的饲料当天吃完,第二天再添加新鲜的饲料。鸡的喂料量可参见表6-6和表6-7。

(二)公母分群饲养

公母分养,不仅可有效地防止啄癖,减少损失,而且能使各自在适当的日龄上市,便于实行适合于不同性别的饲养管理制度,有利于提高增重、饲料效率和整齐度,以及降低残次品率。对于未能在出雏时鉴别雌雄的地方鸡品种,目前养鸡户多在中鸡50~60日龄,外观性别特征较为明显时进行公母分群饲养。

(三)防止饲料浪费

中鸡的生长较为迅速,又由于鸡有挑食的习性,因此很容易把食槽中的饲料撒到槽外,造成污染和浪费。为了避免食的浪费,一方面随着鸡的生长而更换饲喂器具,即由小鸡食槽换为中鸡食槽;另一方面应随着鸡只的增长,升高食槽的高度,以保持食槽与鸡的背部等高为宜。

(四)防止产生恶癖

我国绝大多数优质肉鸡对紧迫环境应激表现比快大型肉鸡明显。如饲养密度过大,舍内光线过强,饲料中缺乏某些氨基酸或其比例不平衡及某种微量元素缺乏等都会造成啄羽、啄趾、啄肛等恶癖,生产中应严加预防。中鸡阶段鸡只生长加快,舍外活动量加大,容易发生啄癖现象。防治恶癖要找出原因,对症下药。发生恶癖时一般降低光照强度,只让鸡看到采食和饮水,并改善通风条件。

(五)供给充足、卫生的饮水

生长期的鸡只采食量大,如果日常得不到充足的饮水,就会降低食欲,造成增重减慢。通常肉用鸡的饮水量为采食量的2倍,一般以自由饮水24小时不断水为宜。为使所有鸡只都能充分饮水,饮水器的数量要充足且分布均匀,不可把饮水器放在角落里,要使鸡只在1~2米的活动范围内便能饮到水。

水质的清洁卫生与否对鸡的健康影响很大。应供给洁净、无色、无异味、不浑浊、无污染的饮水,通常使用自来水或井水。每天加水时,应将饮水器彻底清洗。饮水器消毒时,可定期加入0.01%的百毒杀溶液,这样既可以杀死致病微生物,又可改善水质,增加鸡只的健康。但鸡群在饮水免疫时,前后3天禁止在饮水中加消毒剂。

五、肥育期的饲养管理

肥育期的优质黄羽肉鸡也称大鸡,快大型黄羽肉鸡为9周龄至上市,慢速型(高档型)黄羽肉鸡为12周龄至上市。此期的饲养管理要点在于促进肌肉更多地附着于骨骼以及体内脂肪的沉积,增加鸡的肥度,改善肉质和皮肤、羽毛的光泽,做到适时安全上市。在饲养管理方面应着重做好以下工作。

(一)调整饲料营养

黄羽肉鸡肥育期的能量需要明显高于生长期,而蛋白质需要较生长期降低,所以肥育期宜使用高能量饲料。因此,在生长期末期,应及时更换肥育期饲料。在饲料中应适当降低豆粕等蛋白质饲料的用量,同时增加玉米等能量饲料的比例。也可在饲料中添加3%～5%的优质植物油,进一步提高饲料的能量浓度,可增加鸡的肥度,强化鸡的风味。在肥育期的饲料中,应禁止使用鱼粉等动物性饲料,否则会影响鸡的风味。

国家标准《鸡的营养需要》(参见附录)中规定,黄羽肉鸡肥育期的营养需要为:代谢能12.96兆焦/千克,粗蛋白质16%,赖氨酸0.85%,蛋氨酸＋胱氨酸0.65%,钙0.85%,非植酸磷(有效磷)0.35%。以上标准主要适合于快速型黄羽肉鸡。慢速型黄羽肉鸡育肥期可参考以下营养需要指标:代谢能12.96兆焦/千克,粗蛋白质14%～15%,赖氨酸0.7%,蛋氨酸＋胱氨酸0.61%,钙0.8%,非植酸磷(有效磷)0.35%。

为了控制饲料原料对鸡肉风味品质的影响,在肥育期的饲料中,应禁止使用鱼粉等动物性饲料,同时少用棉籽粕和菜籽粕,多用豆粕和花生仁粕。在喂料技术上,应该采取各种措施,提高鸡的采食量,促进肥育。鸡的每日采食量可参见表6-6和表6-7。

黄羽肉鸡肥育期推荐饲料配方见表6-9。配方1～3适合于快速型黄羽肉鸡,其中配方1和配方2完全按照饲养标准配制。配方1为典型的玉米－豆粕型日粮,配方2利用花生仁粕、棉籽粕、菜籽粕替代了约50%的豆粕,并增加了赖氨酸的添加量,以使氨基酸达到平衡。配方3用花生仁粕替代了50%的豆粕,虽然花生仁粕的能量高于豆粕,但由于未添加油脂,代谢能略低于国家标准,适合于添加油脂不方便的养殖户使用。

配方4～6适合于慢速型黄羽肉鸡。配方4为典型的玉米－豆粕型日粮,配方4中使用了4%的玉米蛋白粉,由于玉米蛋白粉中富含玉米黄素,对提高优质鸡的皮肤黄度很有帮助。基于同样的道理,配方6中使用了4%的苜蓿干草粉,苜蓿中富含叶黄素,对改进鸡的皮肤颜色也很有帮助。配方6中由于未添加油脂,能量偏低,粗蛋白质水平也配得较低,在14%左右。在肥育期使用低蛋白质日粮有利于鸡的肥育和改善风味。

表6-9 黄羽肉鸡育肥期推荐饲料配方

	配方编号	快速型黄羽肉鸡(5~8周龄)			慢速型黄羽肉鸡(7~11周龄)		
		配方1	配方2	配方3	配方4	配方5	配方6
饲料配合比例(%)	玉 米	70.54	71.37	76.59	73.95	75.84	78.0
	玉米蛋白粉	—	—	—	—	4.0	—
	苜蓿草粉	—	—	—	—	—	4.0
	豆 粕	23.0	11.0	10.0	20.0	15.0	10.0
	花生仁粕	—	5.0	10.0	—	—	5.0
	棉籽粕	—	3.0	—	—	—	—
	菜籽粕	—	3.0	—	—	—	—
	植物油	3.3	3.3	—	3.0	2.0	—
	磷酸氢钙	1.3	1.3	1.3	1.3	1.3	1.3
	碳酸钙	1.3	1.3	1.3	1.3	1.3	1.2
	食 盐	0.3	0.3	0.3	0.3	0.3	0.3
	赖氨酸	0.15	0.3	0.35	0.05	0.16	0.10
	蛋氨酸	0.11	0.13	0.16	0.10	0.10	0.10
	合 计	100.0	100.0	100.0	100.0	100.0	100.0

续表 6-9

配方编号		快速型黄羽肉鸡(5~8周龄)			慢速型黄羽肉鸡(7~11周龄)		
		配方 1	配方 2	配方 3	配方 4	配方 5	配方 6
营养水平	代谢能(兆焦/千克)	12.97	12.94	12.44	13.03	13.02	12.23
	粗蛋白(%)	16.04	15.94	15.94	14.95	15.10	14.11
	赖氨酸(%)	0.85	0.84	0.84	0.71	0.70	0.61
	蛋+胱(%)	0.65	0.64	0.64	0.61	0.62	0.56
	钙(%)	0.83	0.83	0.81	0.82	0.81	0.83
	总磷(%)	0.54	0.56	0.53	0.53	0.52	0.52
	非植酸磷(%)	0.35	0.36	0.64	0.34	0.34	0.35

注：另根据需要加入多种维生素和微量元素等添加剂。

(二)鸡群健康观察

进入大鸡阶段后，鸡仍然处于旺盛的生长发育阶段，稍有疏忽，就会产生严重影响。这就要求饲养人员不仅要严格执行卫生防疫制度和操作规程，按规定做好每项工作，而且必须在饲养管理过程中，经常细心地观察鸡群的健康状况，做到及早发现问题，及时采取措施，提高饲养效果。

对鸡群的观察主要注意下列 4 个方面。

第一，每天进入鸡舍时，要注意检查鸡粪是否正常。正常粪便应为软硬适中的堆状或条状物，上面覆有少量的白色尿酸盐沉淀。粪便的颜色有时会随所吃的饲料有所不同，多呈不太鲜艳的色泽（如灰绿色或黄褐色）。粪便过于干硬，表明饮水不足或饲料不当；粪便过稀，是摄入水分过多或消化不良的表现。淡黄色泡沫状粪便大部分是由肠炎引起的；白色下痢多为白痢病或传染性法氏囊病的征兆；深红色血便，则是球虫病的特征;绿色下痢,则多见于重病末期(如新城疫等)。总之,发现粪便不正常应及时请兽医诊治,以便尽快采取有效防治措施。

第二,每次饲喂时,要注意观察鸡群中有无病弱个体。一般情况下,病弱鸡常蜷缩于某一角落,喂料时不抢食,行动迟缓。病情较重时,常呆立不动,精神委顿,两眼闭合,低头缩颈,翅膀下垂。一旦发现病弱个体,就应剔出隔离治疗,病情严重者应立即淘汰。

第三,晚上应到鸡舍内细听有无不正常呼吸声,包括甩鼻(打喷嚏)、呼噜声等。如有这些情况,则表明已有病情发生,需做进一步的详细检查。

第四,每天计算鸡只的采食量,因为采食量是反映健康状况的重要标志之一。如果当天的采食量比前一天略有增加,说明情况正常;如有减少或连续几天不增加,则说明存在问题,需及时查看是鸡只发生疾病,还是饲料有问题。

此外,还应注意观察有无啄肛、啄羽等恶癖发生。一旦发现,必须马上剔出受啄的鸡,分开饲养,并采取有效措施防止蔓延。

(三)加强垫料管理

保持垫料干燥、松软是地面平养中、大鸡管理的重要一环。潮湿、板结的垫料,常常会使鸡只腹部受冷,并引起各种病菌和球虫的繁殖孳生,使鸡群发病。要使垫料经常保持干燥必须做到:

(1)通风必须充足,以带走大量水分。

(2)饮水器的高度和水位要适当。使用自动饮水器时,饮水器底部应高于鸡背2~3厘米,水位以鸡能喝到水为宜。

(3)带鸡消毒时,不可喷雾过多或雾粒太大。

(4)定期翻动或除去潮湿、板结的垫料,补充清洁、干燥的垫料,保持垫料厚度7~10厘米。

(四)带鸡消毒

事实证明,带鸡消毒工作的开展对维持良好生产性能有很好的作用。一般2~3周龄便可开始,大鸡阶段春、秋季可每3天1次,夏季每天1次,冬季每周1次。使用0.5%的百毒杀溶液喷雾。喷头应距鸡只80~100厘米处向前上方喷雾,让雾粒自由落下,不能使鸡身和地面垫料过湿。

(五)及时分群

随着鸡只日龄的增长,要及时进行分群,以调整饲养密度。密度过高,易造成垫料潮湿,争抢采食和斗,抑制肥育。肥育期的饲养密度一般为10~13只/米^2(视养殖方式而定),在饲养面积许可时,密度宁小勿大。在调整密度时,还应进行大小、强弱分群,同时还应及时更换或添加食槽。

(六)减少应激

应激是指一切异常的环境刺激所引起的机体紧张状态,主要是由管理不良和环境不利造成的。

管理不良因素包括转群、称重、疫苗接种、更换饲料和饮水不足、断喙等。

环境不利因素有噪声,舍内有害气体含量过多,温、湿度过高或过低,垫料潮湿、过脏,鸡舍及气候变化,饲养人员变更等。

根据分析,以上不利因素在生产中要加以克服,改善鸡舍条件,加强饲养管理,使鸡舍小气候保持良好状况。提高饲养人员的整体素质,制定一套完善合理、适合本场实际的管理制度,并严格执行。同时应用药物进行预防,如遇有不利因素影响时,可将饲粮中多种维生素含量增加 10%～50%。

(七)搞好卫生防疫工作

1. 人员消毒　非鸡场工作人员不得进入鸡场;非饲养区工作人员不经场长批准不得进出饲养区;进出饲养区必须彻底消毒;饲养等操作人员进鸡舍前必须认真做好手、脚消毒。

2. 鸡舍消毒　饲养鸡舍每周带鸡用消毒药水喷雾 1～2 次。

3. 病死鸡及鸡粪处理　病死鸡必须用专用器皿存放,经剖检后集中焚烧。原则上优质黄羽肉鸡饲养结束后一次清粪。

(八)认真做好日常记录

记录是黄羽肉鸡饲养管理的一项重要工作。及时、准确地记录鸡群变动、饲料消耗、免疫及投药情况、收支情况,为总结饲养经验、分析饲养效益积累资料。

(九)适时出栏

快速型黄羽肉鸡一般在 8～9 周龄出售,地方品种的公、母鸡一般分开上市,公鸡一般在 90～100 日龄出售,母鸡一般在 100～120 日龄出售。临近卖鸡的前 1 周,要掌握市场行情,抓住有利时机,集中一天将同一鸡舍内活鸡出售结束,切不可零卖。此外注意,上市前 1～2 周,饲料中不要投放药物,以防残留,确保产品安全。

(十)正确抓鸡、运鸡,减少外伤

黄羽肉鸡活鸡等级下降的一个重要原因是创伤,而且这些创伤多数是在出售鸡时抓鸡、装笼、装卸车和挂鸡过程中发生。为减少外伤出现,黄羽肉鸡大鸡出栏时应注意以下8个问题。

第一,在抓鸡之前组织好人员,并讲清抓鸡、装笼、装卸车等有关注意事项,使他们心中有数。

第二,对鸡笼要经常检修,鸡笼不能有尖锐棱角,笼口要平滑,没有修好的鸡笼不能使用。

第三,在抓鸡之前,把一些养鸡设备如饮水器、食槽或料桶等拿出舍外,注意关闭供水系统。

第四,关闭大多数电灯,使舍内光线变暗,在抓鸡过程中要启动风机。

第五,用隔板把舍内鸡隔成几群,防止鸡挤堆窒息,方便抓鸡。

第六,抓鸡时间最好安排在凌晨进行,这时鸡群不太活跃,而且气候比较凉爽,尤其是夏季高温季节。

第七,抓鸡时要抓鸡腿,不要抓鸡翅膀和其他部位,每只手抓3或4只鸡,不宜过多。入笼时要十分小心,鸡要装正,头朝上,避免扔鸡、踢鸡等动作。每个笼装鸡数量不宜过多,尤其是夏季,防止闷死、压死。

第八,装车时注意不要压着鸡头部和爪等,冬季运输时上层和前面要用苫布盖上,夏季运输,中途尽量不停车。

六、黄羽肉鸡的季节性管理

(一)炎热季节的饲养管理

炎热气候条件下,黄羽肉鸡生长和饲料转化率低于最佳状态的影响因素主要是温度。饲料采食量随温度的上升而下降。在28℃～36℃的范围内,认真考虑日粮的配制可以获得稳定生长的利益。当然,鸡对华南地区(热带气候)与对长江流域及其以北地区的高温反应不同。热带环境使鸡处于相对稳定的高温,因而能适应这样的气候,而北方则昼夜温差较大,采用不同的饲养管理方法具有现实意义。

1. 饲料蛋白质和氨基酸的供给 在5℃～27℃条件下,如果鸡的营养需要得到满足,则可保持正常生长。由于温度上升,鸡的采食量下降。通过提高饲料营养物质的浓度能够保持正常生长。因此在高温季节,极其重要的一条就是,每天摄取的营养物质尤其是蛋白质和氨基酸量必须满足生长的需要。

2. 饲料能量的供给 在5℃～27℃条件下,鸡能够通过调节饲料采食量来满足能量需求。在高温下,每天的采食量可能成为生长鸡营养中的主要问题。高温造成采食量下降,使营养物质的供应不能满足生长的需要,因而生长会随温度升高而减慢。显然,当鸡处于能量负平衡的情况下,不管蛋白质和氨基酸供应如何,生长肯定变慢。研究表明,高温条件下能量摄入量可以随日粮能量水平的增加而提高。

3. 进行适当的饲养控制 通过适当的饲养控制,可部分消除超过28℃以上的高温气候所带来的许多不良影响,在生产中具体应注意以下几点。

第一,一般说来,在炎热气候下使用高能量、高蛋白的高浓度日粮是有利的。采用低能量、高蛋白日粮饲养方法,效果欠佳。

第二,仔细监测饲料采食量,是确定日粮配方时必须考虑的一个重要的先决条件,否则就不可能了解各种营养物质的每天绝对需要是否得到满足。

第三,高温使呼吸蒸发散热增加,呼吸加快,血液中碱储减少,在日粮中添加2%的碳酸氢钙能改善热环境下的生长状况。

第四,清晨喂料。夏季白天直至傍晚是温度最高的时期,而翌日清晨的气温则相对较低,此时少量多次地频繁喂料以刺激鸡只食欲,让鸡只吃饱吃足。

第五,使用颗粒料可增加采食量,从而提高代谢能的摄入量。

第六,供给清洁充足的饮用水非常重要,因为水的排泄是鸡散发多余热量的有效方法。因而供给凉水是减少热应激所必需的,同时应有足够的饮水器。

第七,大量饮水会增加垫料湿度,造成垫料板结,增加腿病,影响羽毛光泽。高温环境下增加湿度对生长的影响尤为严重,因此要加强垫料管理。

第八,排泄量的增加带走了大量的B族维生素,这种情况下很容易影响生长,因此必须增加50%以上的B族维生素添加量。同时在饮水中添加0.1%的维生素C,可缓解热应激。

第九,降低饲养密度。夏季应根据鸡舍条件,采取尽可能小的饲养密度。过度拥挤,不仅会使采食、饮水不均,还会因散热量增加,使舍温升高。

第十,通风可增加鸡的对流散热量,并可降低鸡舍温度,改善鸡舍气体环境。加强炎热季节的通风管理有很重要的意义。

(二)梅雨季节的饲养管理

在我国南方地区,夏季到来之前有很长一段时间的梅雨季节。雨季影响优质黄羽肉鸡的主要原因是鸡舍内湿度加大,垫料潮湿,饲料霉变,部分生产单位不能获得清洁的饮用水等,很可能因此导致球虫病暴发,氨气浓度升高,真菌毒素中毒、呼吸道疾病感染的危险性增加,大肠杆菌病暴发。为此,应做好以下雨季管理工作。

第一,雨季到来之前要修理房屋,疏通鸡舍周围的排水沟。下雨时应关好门窗或把窗帘放开,避免雨水进入鸡舍,防止鸡群受凉或发生其他问题。

第二,储备好足够的干垫料,厚垫草应勤翻动,保持垫料干燥,潮湿结块的垫料应清扫出鸡舍,降低舍内氨气浓度。

第三,防止饲料原料受潮,饲料的一次配合量不能过多,鸡舍内的配合饲料应放在高于地面的平台上,防止饲料回潮、霉变。

第四,应定期使用高压水泵冲洗水管、清理水箱,清除污泥和有机物质。

第五,饮水水源应加以保护,土壤和有机物质污染会使水变浑,这些浑水是细菌性疾病(尤其是大肠杆菌病)和继发性感染的潜在来源。雨水或河水应贮存在沉淀池中,并用明矾作预处理,然后投放漂白粉等含氯消毒剂。

第六,应在有关专家的指导下,为鸡配合专用的饲料,并在饮水中加入抗应激添加剂。

第七,在雨季,鸡场里蚊子、苍蝇等是一大问题。它是某些寄生虫病、细菌病和病毒病的传播媒介,应采取有效措施加以控制,并做好球虫等疾病的预防工作。

(三)寒冷季节的饲养管理

寒冷季节用于维持体温所消耗的饲料能量会大幅度增加,从而加大饲料成本。因此,做好冬季保温工作非常重要,为此应做好以下工作。

第一,修好门窗,配好玻璃,防止漏风。

第二,考虑保温常会减少通风换气量,舍内气体环境变差,因此在晴天的中午前后应打开窗户通风,阴天也要打开背风一侧的窗户换气。

第三,由于天气寒冷、下雪等原因,冬天应多备些饲料、垫料等常用物品,以防急用。

第四,必要时在舍内增加供温设备。特别是在北方的冬季,空闲鸡舍的温度往往在0℃以下,育雏结束后,雏鸡在转入生长、肥育鸡舍之前,一定要将空鸡舍预先升温,否则将会造成重大损失。

七、优质黄羽肉鸡放养技术

放养是指采用放牧与补饲相结合的饲养方式,让鸡在宽广的放牧场地上得到充足的阳光、新鲜的空气和运动,采食青草、虫蛹、籽实等各种营养丰富的饲料。一般采用早上放牧、晚上收牧的方式进行饲养。放养的商品鸡毛色鲜亮而有光泽,体质健壮,肉质鲜美,颇受消费者欢迎。据市场调查,放养鸡的价格比舍内饲养鸡每千克高1~2元。

(一)放养场地建设

1. 围网筑栏 放牧场地多为林地、果园、山坡和荒地。放养场地确定后,要围网筑栏,选择尼龙网、塑料网、钢筋编制网、木棍、竹片等材料围成高1.5米的封闭围栏,鸡可在栏内自由采食,以免跑丢造成损失。围栏面积是根据饲养数量和养殖密度而定。每群鸡的放养数量以300~500只为宜。放养密度依据具体情况而定,一般以每只鸡平均占地7~20平方米为宜。放养场地牧草越丰富,质量越好,放养的密度越小,鸡所能采食到的饲草和昆虫就越多,也就越省饲料。围栏尽量采用正方形,以节省网的用量。

2. 搭建鸡舍 一般选择地势高燥、背风向阳、排水良好的地方修建简易式鸡舍。鸡舍与道路保持 500 米距离,坐北朝南,建筑形式因地制宜,只要能具备避雨、遮阳和防寒即可。南方地区可用毛竹、帆布、油毡等搭建简易鸡舍,给鸡提供憩息、过夜场所。北方地区则要考虑鸡舍的防寒问题。

如果饲养肉用商品鸡,鸡舍内以每平方米养鸡 8~10 只为宜;如果饲养产蛋鸡,每平方米养鸡以 6~8 只为宜,并搭建多层鸽子窝式产蛋窝和栖架,产蛋窝的大小以可容纳 2~3 只鸡为宜,产蛋前应预先放置松软的麦秸或干草。

(二)育雏、育成期的饲养管理

育雏阶段必须选择保温性能较好的房间进行人工育雏,雏鸡脱温后再转移到舍外放养。育雏要求与普通育雏一样。天气暖和时,3~4 周龄后即可选择晴天开始放养。天气较冷时,则要饲养至 6~7 周龄以后再外出放牧。初放时每天放牧 2~4 小时,以后逐步延长时间。条件许可下最好用丝网围栏分区轮放,放 1 周换 1 块。

1. 放养季节选择 南方地区一年四季皆可放养,北方地区冬季气候严寒,不适合放养。一般雏鸡脱温后,白天气温不低于 10℃时开始放养。

2. 放养驯导与调教 为使鸡按时返回棚舍,便于饲喂,脱温的幼鸡在早晨、傍晚放归时,要给鸡一个信号。可用敲盆或吹哨定时放养驯导和调教,最好 2 个人配合,1 个人在前面吹哨开道并抛撒饲料(最好用玉米颗粒),避开浓密草丛,让鸡跟随哄抢。另 1 个人在后面用竹竿驱赶,直到全部进入饲喂场地。为强化效果,开始的前几天,每天中午在放养区内设置补料槽和水槽,加入少量的全价饲料和清洁饮水,吹哨并引食1次。同时,饲养员应等候在棚舍里,及时赶走提前归舍的鸡,并控制鸡群的活动范围。傍晚再用同样的方法进行归舍驯导。如此反复训练几天,鸡群就能建立"吹哨—采食"的条件反射,在傍晚或是天气不好时,只要给信号,鸡都能及时召回。

3. 供给充足的饮水 野外放养鸡的活动空间大,一般不存在争抢食物的问题。但由于野外自然水源很少,必须在鸡活动的范围内放置一些饮水器具,如每50只放1个饮水器或瓷盆,尤其是夏季更应如此。否则,就会影响鸡的生长发育,甚至造成疾病发生。

4. 定时定量补饲 补饲要定时定量,时间要固定,不可随意改动,这样可增强鸡的条件反射。夏季和秋季可以少补,春季和冬季可多补一些。早上外出前少补,傍晚回圈后多补。饲养商品鸡时晚上可以让鸡吃饱。饲养产蛋鸡时则要注意鸡的体重是否和标准体重一致,既不能体重过轻,也不能体重超标。

育成鸡在放牧期要多喂青饲料、农副产品和土杂粮,以改善肉质、降低饲料成本,一般仅在晚上归牧后补喂配合饲料。出售前1~2周,如鸡体较瘦,可增加配合饲料喂量,限制放牧,进行适度催肥。中后期配合饲料中不能加蚕蛹、鱼粉、肉粉等动物性饲料,限量使用菜籽粕,棉籽粕等对肉质和肉色有不利影响的饲料,不要添加人工合成色素、化学合成的非营养性添加剂及药物等,应加入适量的橘皮粉、松针粉、大蒜、生姜、茴香、桂皮、茶末等自然物质以改变肉色,改善肉质和增加鲜味。

5. 防兽害和药害 鸡舍附近要有人员看管,防止黄鼠狼伤着鸡。特别是在果园内放养时,喷洒农药一定要使用生物农药,以防毒死鸡。

6. 定期防疫与驱虫 搞好防疫灭病是养好优质鸡的重要保障。一般情况下,放养鸡抗病力强,较圈养快大型肉鸡发病少。但因其饲养期长,加之放牧于野外,接触病原体机会多,必须认真按养鸡要求严格做好卫生、消毒和防疫工作,按免疫程序严格进行防疫,不得有丝毫松懈。

此外,要特别注意防治球虫病及消化道寄生虫病,经常检查,一旦发生,及时驱除。对于鸡的寄生虫病,一般用左旋咪唑或丙硫苯咪唑驱虫。同时,定期用抗球虫药物防治球虫病。

7. 精心管理 要做到"五个注意观察"。

一是放鸡时注意观察。每天早晨放鸡外出运动时,健康鸡总是争先恐后向外飞跑,弱者常常落在后边,病鸡不愿离舍或留在栖架上。通过观察可及时发现病鸡,及时治疗和隔离,以免疫情传播。

二是清扫时注意观察。清扫鸡舍和清粪时,观察粪便是否正常。正常的鸡粪便是软硬适中的堆状或条状物,上面覆有少量的白色尿酸盐沉积物;若粪过稀,则为摄入水分过多或消化不良;如为浅黄色泡沫粪便,大部分是由肠炎引起的;白色稀便则多为白痢病;而排泻深红色血便,则为鸡球虫病。

三是补料时注意观察。补料时观察鸡的精神状态,健康鸡特别敏感,往往显示迫不及待感;病弱鸡不吃食或被挤到一边,或采食动作迟缓,反应迟钝或无反应;病重鸡表现精神沉郁、两眼闭合、低头缩颈、翅膀下垂、呆立不动等。

四是呼吸时注意观察。晚上关灯后倾听鸡的呼吸是否正常,若带有"咯咯"声,则说明呼吸道有疾病。

五是采食时注意观察。从放养到开产前,若采食量逐渐增加为正常;若表现拒食或采食量逐渐减少则为病鸡。

8. 适时销售 合适的饲养期是提高肉质的重要环节。饲养期太短鸡肉中水分含量多,营养成分积累少,达不到优质肉鸡的标准;饲养期过长,肌纤维过老,饲养成本增大,经济上不合算。根据黄羽肉鸡的生长生理和营养成分的积累特点,以及公鸡生长快于母鸡、性成熟早等特点,确定公鸡90~110天上市,母鸡110~130天上市。此时上市鸡的体重、鸡肉中营养成分、鲜味物质、芳香物质的积累基本达到成鸡的含量标准,肉质又较嫩,是体重、质量、成本三者的较佳结合点。

(三)产蛋期管理

当母鸡周龄达到20~22周龄以上,体重达1.3~1.6千克时开始产蛋。母鸡需要与一定数量的公鸡在一起生长,这样可刺激母鸡生殖系统发育成熟的速度,提前开产和增加产蛋量。商品蛋鸡群公、母比例为1:25。饲养管理是白天让鸡在放养区内自由采食,早晨和傍晚各补饲1次。在整个产蛋期要做到以下几点。

1. 产蛋期营养与饲料 饲料应以全价配合饲料为主,适当补饲青绿多汁饲料。要加强鸡过渡期的管理,由育成期转为产蛋期喂料要有一个过渡期,当产蛋率在5%时,开始喂蛋鸡料。一般过渡期为6天,在精料中每2天换1/3,最后完全变为蛋鸡料。

2. 增加光照时间 由于鸡在自然环境中生长,其光照为自然光照,产蛋季节性很强,一般为春夏产蛋,秋、冬季逐渐停产。在人工饲养的条件下,应尽量按照开放式鸡舍的光照管理制度进行严格管理,也可促使产蛋性能相应提高。开产后逐步将每天的光照时间延长到 16 小时。一般实行早晚 2 次补光,早晨固定在 6 时开始补到天亮,傍晚 6 时半开始补到 10 时。补光一经固定下来,就不要轻易改变。

3. 预防母鸡就巢性 春末夏秋还要注意母鸡就巢性的出现。应增加捡蛋的次数,捡净新产的鸡蛋,做到当日蛋不留在产蛋窝内过夜。因为幽暗环境和产蛋窝内积蛋不取,可诱发母鸡就巢性。一旦发现就巢鸡应及时改变环境,将其放在凉爽明亮的地方,多喂些青绿多汁饲料,则鸡会很快离巢。

4. 严格防疫消毒 在山地放养的生长鸡,容易受外界疾病的影响,如果防疫、消毒不到位,就很难保证鸡的成活率,效益也就无从谈起。

第一,要按照鸡疫病防疫程序进行防制。重点应做好鸡新城疫、禽流感、传染性法氏囊病、传染性支气管炎的疫苗接种和预防监测。同时,对球虫病做好药物预防。

第二,要搞好卫生消毒。鸡栖息的棚内及附近场地坚持每天打扫和消毒,水槽、食槽每天刷洗,清除槽内的鸡粪和其他杂物,让水槽、食槽保持清洁卫生。放养场进出口设消毒带或消毒池,并谢绝参观。

第三,要做到"全进全出"。每批鸡放养完后,应对鸡棚彻底清扫和消毒,对所用器具、盆槽等洗净后熏蒸,间隔 1~2 周再进下一批鸡。

5. 注意收看收听天气预报 大风或下雨天气不要放养,应采取舍饲;下暴雨、冰雹,刮大风、沙尘暴时应及时将鸡群赶回棚内,避免死伤造成损失。

八、放养模式举例

内蒙古自治区草原兴发股份有限公司经过多年的实践探索和技术攻关,确立了绿鸟鸡在天然草地或人工草场及小区半开放式的放养模式。此模式采取草场围栏作为放牧场,场内建塑料大棚,周围设置围栏和网罩,饲养过程中进行轮牧的饲养方式。采取季节性放养,主要集中在每年的5~9月份进行,其他月份停止放养。在停止放养期间,避开了一年之中疾病高发期,尤其是呼吸道疾病。同时,利用一年之中最寒冷的季节,做好空场、空舍,使病原菌和宿主脱离,并配合消毒对病原做彻底杀灭。

绿鸟鸡放养的草地首选是苜蓿草地。苜蓿作为豆科作物在我国具有悠久的栽培历史。抗逆性强,适应范围广,素有"牧草之王"的美称。新鲜苜蓿粗蛋白质含量22%,可满足各种畜禽生长发育及生产需要。新鲜苜蓿干物质中鸡的代谢能含量为9.96兆焦/千克,为玉米籽粒含量的74.14%。2年生的苜蓿草地0.8平方米可以饲喂1只鸡,这样可使鸡只料肉比大幅下降,54天放养鸡的料肉比可以达到2:1左右,从而可节省大部分的饲料。

苜蓿草地产量高,返青早,再生能力强,多年生。每年在天然草场的草还没有返青之前,苜蓿草已经发出了2~3个嫩芽并开始使用了,到每年的5月下旬苜蓿草已经达40~60厘米高。苜蓿草每年可以利用3~4茬,生长茂盛,一批放养鸡出栏后,给苜蓿草地充分浇透水,经天过15又可以长到40厘米高,不影响第二批鸡饲用。苜蓿草地也不用年年种植,可多年利用。

(一)绿鸟鸡放养的生态、社会和经济价值

第一,养种结合,产业优势互补。凡绿鸟鸡放养之处必须有草场,必须植树种草,牧草可为绿鸟鸡提供廉价饲料,树林可为绿鸟鸡提供保护环境;绿鸟鸡排出的粪便等于给草地、树木施了有机肥,绿鸟鸡放养过的草场牧草生长旺盛,产量明显增加,起到了种养协调发展的良性循环。

第二,天然放养,协调人、禽、自然的关系,实现动物福利,保护生态,有利于人类生存环境的可持续发展。

第三,把绿鸟鸡放归大自然,采食天然动、植物,有利于改善绿鸟鸡肉质风味,有利于人类饮食健康。

第四,增加绿鸟鸡抗病力,成活率高。绿色天然无污染的放养环境,空气纯净清新,动物与自然和谐共处。在草地上自由活动的绿鸟鸡,抗病力强,从而使放养鸡较之舍养鸡发病率和死亡率低,药费投入少。

第五,节省饲料。绿鸟鸡在放养过程中,鸡只通过采食青草、草籽、昆虫等,可以节省部分饲料,降低饲养成本。

第六,降低饲养成本。绿鸟鸡放养加补饲同完全舍饲相比,可大大减少清粪、通风、上水、上料等劳动量与劳动强度,每只鸡可节约成本 0.3~0.4 元。

(二)绿鸟鸡放养技术要点

第一,0~14 日龄舍内网上育雏,3 周龄开始为放牧期,最后 1 周为肥育期。

第二,放养主要集中在每年的 5~9 月份进行,其他月份为舍饲期。

第三,5 000 只鸡约需 1 公顷(15 亩)草场,草场应分成

5~6个小区,采取轮牧方式。放养牧场小区与小区之间距离为80~100米。

第四,根据鸡的天性,在舍内搭建栖息架。栖息架要高出地面至少40厘米,材料可因地制宜,使用塑料网、铁网、竹片、秸秆等皆可。所选择的放养区域要有树冠较大的低矮树丛,或靠近树林,或在林间空地种植苜蓿草,使绿鸟鸡有乘凉的地方。

第五,放养区域周围设置围栏和网罩,防止其他动物进入。网罩可用青色尼龙网,根据场地面积定做,下放竹竿(或木杆)固定。也可用赶鸟枪驱赶野鸟。网围栏要结实且无漏洞。对草场内的洞穴采取挖掘、水灌、烟熏等方法,也可使用电子捕鼠仪或烟炮,杀死或赶走原来潜伏下来的野生动物,最后要把洞穴堵死或填平。

第六,遵循绿色天然、无公害的原则,禁止使用抗生素药物,必要时可以使用中草药和微生态制剂。根据疫病发生规律制定疾病预防程序。

九、塑料大棚饲养黄羽肉鸡

山东、山西、河南等省的养鸡场(户),为了发展肉鸡生产和冬繁冬养,他们对肉用仔鸡饲养工艺进行了大胆革新,把种植业的塑料大棚移植到肉用仔鸡饲养上来。十几年来,通过不断试验、探索、改进和完善,形成了一整套简易大棚饲养肉用仔鸡配套技术,现介绍如下,可作为饲养黄羽肉鸡时参考。

(一)塑料大棚建造工艺

1. 棚址选择 可利用房前屋后、田间地头、林间、山坡等空闲地,在地势较高无污染的地方搭棚。

2. 大棚用料 建一个100平方米塑料大棚需塑料薄膜17千克,直径2~4厘米、长4~5米的竹竿100根,立柱27根,砖800块,适量的聚丙乙烯细绳、铁丝、麦秸、苇帘或竹排等。东西走向,两侧垒山墙,山墙下开门,门上留通气孔。大棚一般长20米、宽5米、高1.8~2米,呈拱形,底角60°,天角20°,棚顶建2~3个40~50厘米见方可关闭的天窗,饲养面积100平方米。

3. 大棚组装 用直径2~4厘米、长4~5米的竹竿2根对接绑牢成弧形起拱,两拱间距50厘米,全棚39拱,全拱由8根竹竿连接,顶部2根绑在一起,两侧各3根,与拱用铁丝绑紧支成棚架形成一个整体。为了使棚架牢固,拱下每隔2米由3根立柱支撑,顶牢后用铁丝绑紧。塑料薄膜长21米、宽7米,提前按规格粘好。盖膜选无风天气,将膜直接搭在棚架上,膜外压一张竹排(称内竹排),竹排可用细竹竿、葵花秆、高粱秸制作,每根间隙10~15厘米,拴2~3道尼龙细绳。在内竹排外加盖15~20厘米厚的麦秸再压上同样的竹排(称外竹排),内竹排防麦秸滑下,外竹排起压紧作用(内竹排可用苇帘代替,外竹排可用尼龙网代替)。竹排距棚两边地面90厘米,把露出牵绳拴在棚两边地锚铁丝上,棚两侧薄膜内面拉上90厘米高护网。

(二)大棚饲养黄羽肉鸡环境控制

大棚内环境的控制主要是调节温度、湿度和通风换气。

春、夏、秋是大棚饲养肉用仔鸡的黄金季节,这3个季节环境平均温度在10℃~32℃之间,除梅雨季节外,相对湿度一般为60%~70%,是适合肉用仔鸡生长发育的良好外部条件。仔鸡脱温后(30日龄后)至饲养到送宰,大棚的温度保持在19℃～23℃范围内,相对湿度保持在60%左右,为仔鸡生长发育的最佳环境。除育雏期间棚内适当加温外,其他时间棚内不需要人工加温。要想使棚内达到最佳环境,可通过调节薄膜敞闭程度、方位和时间来达到目的。如春、秋季每天有10～15小时光照,外界温度在20℃以上,四周薄膜可全部打开,通风良好,利于棚内降温和垫料水分的蒸发。夜间外界温度较低,常在5℃～15℃之间,可部分关闭薄膜;夏季,天气闷热时,可在棚顶喷水降温。

寒冷季节,早春、晚秋、严冬外界温度较低,平均温度常在0℃～10℃范围内,最低可达-10℃以下。为了使大棚内保持18℃以上,大棚后坡加盖厚20厘米以上的麦秸或杂草,前坡露膜部分挡上草帘,利于大棚保温。待有阳光时,打开草帘,利于棚内提温。单从温度角度看,大棚经上述改造,靠太阳能、鸡本身生物能和大棚保温效应,完全不需要另外人工加温,即可保证肉用仔鸡对温度的要求。经测定,在最冷季节,空棚从上午9时至下午4时,1/3采光(晴天时)棚内可保持15℃以上,最高可达25℃。夜间露膜部分挡草帘,棚全封闭,可保持5℃～10℃。所以寒冷的冬季棚内温度不是主要矛盾。但是不采取措施棚内相对湿度太高,可达95%以上,硫化氢、氨气浓度高,影响肉用仔鸡生长发育。湿度大、有害气体浓度高的原因是:仔鸡重量大,排粪多,为了保温,薄膜关闭,水蒸气和有害气体难以扩散于外界,再加上棚外温度低,棚内水蒸气遇膜外冷气在膜上凝结为水滴降于棚下。为了解决冬养这一主要矛盾,可采取以下措施:一是棚顶设可关闭的天窗,白天有阳光时,打开前坡草帘,待温度升高时,打开天窗和通气孔排除湿气和有害气体。夜间加温常在22时至第二天4时进行;二是常铺干沙。经过上述处理能取得较好的效果和经济效益(表6-4)。

表6-10 大棚冬养肉仔鸡效果统计

进雏时间	进雏数(只)	送宰天数(天)	送宰数(只)	成活率(%)	送宰重(千克)	平均活重(千克)	平均盈利(元)
1990.12.31	1000	65	950	95	2630	2.76	2.40
1991.2.7	3000	63	2760	92	6776	2.46	2.54
1991.2.2	7000	63	6300	90	16000	2.54	1.89
小 计	11000		10010	91	25406	2.54	2.12

早春、晚秋和严冬在塑料大棚育雏。初生雏要求温度在35℃左右。每个大棚养1 000只左右,全棚提温浪费燃料,也不需要那样大的面积,因此将雏鸡集中于大棚的一端(约占全棚1/4左右),中间用塑料薄膜挡上,内生2个2号铁炉,温度可达35℃左右,棚内生炉温度高,又有缓冲地带,所以棚内相对湿度和有害气体浓度并不高,随着日龄增长,温度要求逐步下降,面积增加,按要求降温和扩大面积,直至撤掉挡膜。

酷夏大棚饲养肉用仔鸡,内环境控制重点放在40日龄以上的肉用仔鸡,因40日龄以下鸡比较小,相对比较宽敞,密度低,不会引起不良反应。

夏季外界温度高,大棚四周薄膜全敞开,拉上护网,不管风向如何,靠穿堂风、扫地风,棚内通风降温,"凉亭效应"明显。经测定,中午最热时棚外34℃,棚内29℃,不会引起中暑。

十、种鸡的饲养管理

黄羽肉鸡种鸡饲养管理的目的,即是提供量多质优的种蛋。其生产阶段大体可以分为:0～6周龄为育雏期,7～22周龄为育成期,23周龄以后至淘汰(约64～68周龄)为产蛋期。黄羽肉鸡生长快速且沉积脂肪的能力较强,无论在生长阶段还是在产蛋阶段,如果不执行适当的限制饲养制度,则母鸡会因体重过大、脂肪沉积过多而导致产蛋率下降,公鸡也会因过肥过大而导致配种能力差、精液品质不良,致使受精率低下,甚至发生腿部疾病而丧失配种能力,而产蛋率与受精率都直接影响雏鸡的产量。为了提高种鸡的繁殖性能及种用价值,必须着重抓好体重控制和光照控制两个方面的关键技术。

(一)育成鸡的限制饲养

限制饲喂对育成鸡来说是管理措施中必须的内容。由于育成鸡消化功能发育迅速,对采食量缺乏自制能力,自由采食容易使鸡采食过量,造成体重超标,脂肪沉积过多而影响产蛋期的生产性能。

1. 限制饲养的作用

(1)控制体重,使鸡群在最适当时期达到性成熟,并与体成熟同步 限制饲养可以使幼、中雏骨骼和各种脏器得到充分发育。在整个育成期间人为地控制鸡的生长发育,保持适当的体重,可使之在适当的时期达到性成熟,并与体成熟同步。有关研究表明,限制饲养的母鸡其活重和屠体脂肪重量比自由采食的低,但其输卵管重量,不论绝对值还是占体重的百分比都有所增加,而且长度显著增加。同时,这种母鸡在发育期间滤泡数增多,其发育速度较快。所以,其后的产蛋量、蛋重均有所提高,种蛋的合格率一般可提高5%左右。

(2)可以使鸡取得合理的营养,以维持营养平衡　由于控制饲料喂量,鸡群于第二天喂料前,能将头天喂的料粉末都吃得干干净净,使按要求设计的饲料营养能全部被鸡摄取,从而确保鸡的营养平衡。反之,过量地投喂饲料,让鸡群从容不迫地挑拣,从而养成挑食、偏食粒状谷类的习惯,致使食入的能量过多,蛋白质、维生素不足,营养不平衡,严重影响种鸡的生产。

(3)减少饲料消耗,降低饲养成本　鸡的限制饲养,可以理解为减少饲料喂量的一种饲养方式,可节省饲料费用20%～30%。

(4)降低腹脂沉积,减少产蛋期的死亡率　限制饲养可以降低鸡体腹脂沉积量的10%～30%,能防止因过肥而在开产时发生难产、脱肛,产蛋中、后期可以预防脂肪肝综合征的发生。过肥的鸡在夏天耐热力差,容易引起中暑、死亡。试验资料表明,限制饲养不仅能使鸡的产蛋潜力得到充分发挥,而且鸡的死亡率也可以减少一半左右。

(5)增加运动,有利于骨骼脏器的发育　由于限制饲养,在早上投料前食槽内已干干净净没有剩料,鸡只因空腹饿肚而在鸡舍内来回转圈,当投料时整个鸡群都争先恐后跳跃争食,从而引发鸡群的运动。这种运动不仅能增强其消化力,而且有助于扩张骨架,使内脏容积扩大,长成胸部宽阔、肩膀高耸、脚爪十分有力的强壮体型。

(6)提高鸡群的整齐度　有关材料表明,全群中个体的体重接近标准体重的越多,整群鸡的产蛋高峰就越高,高峰的持续时间也就越长。限制饲养是通过控制鸡群的生长速度来控制体重,使绝大多数个体的体重控制在标准体重要求的范围之内的有效手段。一般要求鸡群中80%～85%的鸡体重分布在全群平均数±10%的范围之内,这样的鸡群其开产日龄比较一致,产蛋率和种蛋合格率均较高。

以70%的鸡控制在标准体重范围之内为基础,整齐度每增减3%,平均每只鸡每年产蛋量亦相应增减4个。所以,整齐度的增加可以增加产蛋量,而降低整齐度将减少产蛋量。

2. 限制饲养的方法 限制饲养是通过人为控制鸡的日粮营养水平、采食量和采食时间,控制种鸡的生长发育,使之适时开产。

(1)限时法 主要是通过控制鸡的采食时间来控制采食量,以此来达到控制体重和性成熟的目标。

①每天控喂 每天喂给一定量的饲料和饮水,或规定饲喂次数和每次采食的时间。这种方法对鸡的应激较小,是小型地方种鸡比较适宜的方法。

②隔日控喂 快大型黄羽肉鸡多采用喂1天,停1天。把2天控喂的饲料量在1天中喂给。此法可以降低种鸡因竞争食槽而造成采食不均的影响。如果每天喂给的饲料很快被吃完,则仅仅是那些最霸道的鸡能吃饱,其余的鸡挨饿,结果整群鸡还是生长不一致。由于一次给予2天的饲料量,所以无论是霸道鸡还是胆小鸡都有机会分享到饲料。例如,每只鸡每天喂料量是80克,2天的喂料量为160克,将160克饲料在喂料日一次性投给,其余时间断料。

③每周控喂2天 即每周喂5天,停喂2天。一般是星期日、星期三停喂。喂料日的喂料量是将1周中应喂的饲料均衡地分作5天喂给(即将1天的喂量乘7除以5即得)。

(2)限质法 即限制饲料的营养水平。一般采用低能量、低蛋白质或同时降低能量、蛋白质含量以及赖氨酸的含量,达到控制鸡群生长发育的目的。在种鸡的实际应用中,同时控制日粮中的能量和蛋白质的供给量,而其他的营养成分如维生素、常量元素和微量元素则应充分供给,以满足鸡体生长和各种器官发育的需要。

(3)限量法 即规定鸡群每天、每周或某个阶段的饲料用量。种用地方鸡一般按自由采食量的70%～90%计算供给量。

在生产中要根据种鸡的品种、鸡舍设备条件、育成的目标和各种方法的优缺点来选择限制饲养制度,防止产生"在满足营养需要的限度内,体重控制越严生产性能越好"的片面认识。

3. 限制饲养的注意事项

第一,限制饲养开始前应将病弱鸡挑出,因它们不能耐受这种方法,避免损失。

第二,限制饲养一定要有足够的食槽、饮水器和合理的鸡舍面积,使每只鸡都有机会均等地采食、饮水和活动。

第三,限制饲养主要是控制摄取能量饲料,而维生素、常量元素和微量元素要满足鸡的营养需要。因此,要根据实际情况,结合饲养标准制定饲喂量。否则,会造成不应有的损失。

第四,限制饲养会引起过量饮水,容易弄湿垫料,所以要控制供水。一般在喂料日从喂料开始到采食完后2小时内给水,停料日则上下午各给2小时饮水。在炎热的季节不宜限水,而且应加强通风,勤换垫料。切记,限制饮水不当往往会延迟性成熟。

第五,限制饲养会引起饥饿应激,容易诱发恶癖,所以应在控喂前对母鸡进行正确的断喙,公鸡还需断趾。

第六,限制饲养时应密切注意鸡群健康状况。在鸡群患病、接种疫苗、转群等应激时,要酌量增加饲料或临时恢复自由采食,并要增喂抗应激的维生素C和维生素E等。

第七,在育成期公、母鸡最好分开饲养,以有利于体重控制的掌握。

第八,在停饲日不可喂砂粒。平养的育成鸡可按每周每100只鸡投放中等粒度的不溶性砂粒300克做垫料。

第九,定期检查体重,提高鸡群的均匀度。应每周随机抽样测体重1次,如小群种鸡可抽取50~100只,超过10 000只的鸡群每隔1~2周抽出1%的数量,定期称重,作为下周投料限饲的依据。

(二)种鸡的体重控制

1. 理想的黄羽肉种鸡群体重 黄羽肉鸡的生长速度是一个重要性能指标,对生长、体重、耗料的选择,加快了黄羽肉鸡的生长速度,与此同时,也形成了其亲本种鸡的快速生长和沉积脂肪的能力。在自由采食条件下,快大型黄羽肉鸡10周龄左右的种鸡即可达成年体重的80%,由此会带来性成熟早,种蛋合格率降低,产蛋率上升缓慢而下降快,达不到应有的产蛋高峰,利用时间缩短,种用期间死亡、淘汰率增高等繁殖性能低下的后果。

为培育一个在体重、体型上不过重、过大,并且产蛋较多的种鸡群,实现种鸡的优良繁殖性能,其必要的条件如下。

第一,群体的平均体重应与种鸡的标准体重相符,全群总数80%以上的个体重量应处在标准体重上下10%的范围内。

第二,各周龄增重速度均衡适宜。

第三,无特定传染性疾病,发育良好。

为了达到上述要求,应该在满足其营养需要的情况下,人为地采用诸如控制饲养和控制光照等技术,以有效地控制性成熟和体重,适当推迟开产日龄,提高产蛋量和受精率。

2. 体重控制与喂料量的调整 黄羽肉鸡种鸡控制饲喂的目的是使种母鸡在开产时具有标准体重及坚实的骨骼、发达的肌肉和沉积很少的脂肪。达到此目的的最好办法是控制它们的体重(即控制其生长速度)。为此,各育种公司都制定了培育鸡种在正常条件下,各周龄的推荐喂料量和标准体重。在生长期有规律地取样称重,并且将实际的平均体重与推荐的目标体重逐周比较,以决定下周每只的喂料量,此工作逐周进行,直至产蛋。

(1)称重与记录 称重的时间从4周龄起直到产蛋高峰前,每周1次,在同一天的相同时间空腹称重。每日控饲的一般在早晨喂料前称重,隔日控饲的在停喂日上午称重。称重只数为随机抽取鸡群的5%,但不得少于50只。可用围栏在每圈鸡的中央随机圈鸡,被圈中的鸡不论多少均须逐只称重并记录。逐只称重的目的是在求得全群鸡的平均体重后计算在此平均体重±10%的范围内的鸡数有多少。同一鸡群在称重时的体重分级应采用同一标准。否则,由此计算而得到的整齐度出入较大。如以每5克为一个等级的整齐度为68%时,当按10克为一个等级计算时,其整齐度为70%,20克时为73%,45克时已上升到78%。所以,称重用的衡器最小感量要在10～20克以内。在黄羽肉鸡种鸡育成后期,有80%以上的鸡处在此范围之内的话,可以认为该鸡群的整齐度是好的。

(2)调整 当体重超过当周标准时,其所确定的下周喂料量,只能继续维持上周的喂料量或减少下周的所要增加的部分饲料量。例如,原来鸡隔日饲喂100克饲料,现在体重超过标准 10%,则下周仍保持 100 克的喂料量,直至鸡的体重控制到标准体重范围之内为止。千万不可用减少喂料量来减轻体重。

如果体重低于当周标准,那么,在确定下周喂料量时,要在原有喂料量的标准基础上适当增加饲料量,以加快生长,使鸡群的平均体重逐渐上升到标准要求。通常情况下,平均体重比标准体重低 1% 时,喂料量在原有标准量的基础上增加 1 克,一次不可增加太多。

(3) 提高鸡群的整齐度　理论和实践都证明,体重明显低于平均体重的个体,由于产蛋高峰前营养储备不足,其到达高峰的时间也延迟,从而影响群体产蛋高峰的形成,并在高峰后产蛋率迅速下降,蛋重偏小且合格率低,开产日龄比接近标准体重的鸡要推迟 1~4 周,饲料转化率低,易感染疾病,死亡率高。

为提高群体整齐度,可以从以下几方面着手。

第一,饲养环境要符合控饲要求,如光照强度和时间、温度、通风,特别是饲养密度、饮水器和食槽长度等都应满足鸡能同时采食或饮水的需要(表 6-11)。否则,强者多吃,体重大。弱者少吃,体重小,难以达到群体发育一致的要求。

表 6-11　控饲时的饲养条件

类　型		饲养密度		喂料条件		饮水条件			
		垫料平养(只/米²)	1/3 垫料、2/3 栅网(只/米²)	长食槽单侧(厘米/只)	料桶(直径 40 厘米,个/100只)	长水槽(厘米/只)	乳头饮水器(个/100只)	饮水杯(个/100只)	圆饮水器(直径 35 厘米,个/100只)
种母鸡	优质型	4.8~6.3	5.3~7.5	12.5	6	2.2	11	8	1.3
	快大型	3.6~5.4	4.7~6.1	15.0	8	2.5	12	9	1.6
种公鸡		2.8~3.5	3.5~4.5	21.0	10	3.2	13	10	2.0

第二,要在最短的时间内,给所有的鸡提供等量、分布均匀的饲料。试验资料表明,最多应在15分钟内喂完饲料(种鸡平养时),这在实际生产中也是可行的。

第三,在限饲前对所有鸡逐只称重,按体重大、中、小分群饲养,并在饲养过程中随时对大小个体作调整,对体弱和体重轻的鸡抓出单独饲喂,适当增加喂料量。

第四,对转群前体重整齐度仍差的鸡群,应在转进产蛋鸡舍时按体重大、中、小分级饲养,对体重大的则适当控制喂量,体重小的增加喂量,这对提高性成熟的整齐度有一定的效果。

3. 体重控制的阶段目标与开产日龄的控制　当雏鸡进入育成期后,鸡体消化功能健全,骨骼和肌肉都处于旺盛生长时期,10周龄前后,性器官开始发育。在性腺开始活动后,此时饲喂高蛋白水平的饲料,将会加快鸡只的性腺发育,使之早熟,致使鸡的骨骼不能充分发育而纤细,体型变小,开产提前、蛋小、蛋少。因此,要以低蛋白水平饲料抑制性腺发育并保证鸡只的骨骼发育。为此,在各时期将分别采用不同的蛋白质和能量饲料(雏鸡料、生长期料和种鸡料)及控制饲养等综合措施,增加运动,扩张骨架和内脏容积,以促进鸡体的平衡发展。为使后备种鸡达到标准体重的最终控制目标,在其育成阶段必须按照其生长发育的状况分阶段进行调节,控制其增重速度与整齐度,以保证其生长与性成熟达到同步发展。

(1)体重控制的阶段目标　从育雏开始,首先要根据雏鸡初生重和强弱情况将鸡分群饲养,尽量减少因种蛋大小、初生重的差异对鸡群整齐度造成的影响。

1~4周龄　要求鸡体充分发育,以获得健壮的体质和完善的消化功能,为限制饲养作准备。通常在1~2周龄自由采食,3~5周龄开始轻度的每日控制饲喂。

5~7周龄 对所有的鸡逐只称重,并按体重大、中、小分群。为抑制其快速生长的趋势,一是改雏鸡料为生长期料,二是根据品种类型,选择合适的控制饲喂方法。

8~15周龄 为骨骼发育的关键时期,同时要减少脂肪的沉积。采用生长期料,以严格控制其生长速度,使其体重沿着标准生长曲线(各种鸡公司有资料介绍)的下限上升,直至15周龄。

16~20周龄 自15周龄起至20周龄期间,骨骼生长基本完成,并加强了肌肉、内脏器官的生长和脂肪的积累。为此,在体重上要有一个较快的增长,使20周龄体重处在标准生长曲线的上限。在此期间,每周饲料的增量较大(参照各公司的推荐料量)。如果增重未能达到推荐标准,则将导致开产日龄的推迟。

19~22周 在开产前4周(23周龄时产蛋率为5%)第一次增加光照。此阶段要使开产母鸡在产蛋前具备良好的体质和生理状况,为适时开产和迅速达到产蛋高峰创造条件。所以,从产第一个蛋起改生长期料为种鸡饲料。如体重没有达标,则可在目标体重饲料喂给量的基础上再适度增加喂料量,加速鸡群性成熟。

23~40周龄 根据20周龄时的生长发育情况和群体整齐度,确定产蛋高峰前的饲料增加的时间和数量。由于产蛋初期的3~4周内,产蛋量和蛋重均快速增长,所以饲料量增加幅度要大,一般每次增料量为每天6~10克。当产蛋率达到40%~60%时,把喂料量增加到全程最高量,快大型150~170克、中速型120~140克、慢速型100~120克(每天喂给量)。

为发挥种母鸡的产蛋潜力和减少脂肪沉积,如发现产蛋率的上升不到所预期的百分率,或产蛋率已达高峰,为试探产蛋率有无潜力再上升,一般采用试探性地增加饲喂量,即按每只鸡增加 5 克左右的饲料进行试探,到第四至第六天观察产蛋率变化情况。若无增加,则将饲料量逐渐恢复到试探前的水平;若有上升趋势,则在此基础上再增加饲料进行试探。

40~62 周龄 一般情况下,40 周龄以后日产蛋率大约每周下降 1%,这时母鸡所必需的体重增长已得到最大的满足,进一步的增重将造成不必要的脂肪沉积,最终导致产蛋量及受精率加速下降。为此,日饲料量可逐渐削减,大致是在 40 周龄后,产蛋率每下降 1%,每只鸡减少饲料量 0.6 克,千万不能过快地大幅度减料,每只鸡每次减料量不能多于 2.3 克,每周减少喂量最多 1 次。

以上时间段的划分,各育种公司控饲资料中并不完全一致,但相对时间范围内的控制程度的规律基本相似。了解控饲和生长发育的规律,可使生产者在实际生产中将各育种公司提供的控饲顺序运用自如。

(2)控制开产日龄 控制体重能明显推迟性成熟,提高生产性能,而光照刺激却能提早开产,两者都可以控制鸡群的开产日龄。

一般认为,冬春雏因育成后期光照渐增,所以体重要控制得严些,可以适当推迟开产日龄;而夏秋雏在育成后期光照渐减,体重控制得要宽些,这样可以提早开产。

对 20 周龄时体重尚未达到标准的鸡群,应适当多加一些饲料促进生长,并推迟增加光照的日期,使产蛋率达 5% 时,体重符合育种公司提供的标准体重。如果到 23 周龄时,体重已达标,但仍未见蛋,这时应增加喂料量 3%~5%,并结合光照刺激促其开产。如果在 24 周龄仍然未见蛋或达不到 5%

产蛋率,则再增加喂料量 3%～5%。

(三)实行正确的光照制度

对黄羽肉鸡种鸡限制饲养的另一重要手段是控制光照。对种鸡正确使用光照,可促进脑垂体前叶的活动,加速卵泡生长和成熟,提高产蛋量。采用人工控制光照或补充光照,严格执行各种光照制度是保证高产的重要技术措施。

光照从两个方面对鸡发生影响。其一是它的"质",也就是光照强度。据观察,照度过强不仅对鸡的生长有抑制作用,还会引发啄肛、啄羽、啄趾等恶癖的出现;而过低的照度将影响实际饲养管理的操作,也达不到刺激性成熟的目的。一般来说,鸡在不到 2.7 勒的照度下可找到食槽并采食,但要达到刺激垂体和增加产蛋量则需要 10 勒以上,这样的照度既可以防止生长期间恶癖的产生,同时也不影响性成熟。其二是它的"量",也就是光照时间的长短及其变化。据研究,产蛋母鸡在一天中对光照刺激有一个"光敏感时间区",该时间是在开始给光后(自然光照即为拂晓后)的 11～16 个小时内出现。所以,关键是每天光照时间的长度是否能延伸到光敏感时间区内。假如自然光照(白天)时间能延伸到光敏感时间区内,或者能在这段时间内给予人工补充光照,那么鸡的脑垂体分泌的激素就会被激活,性发育就会出现。在北半球,夏季的白天时间长,平均为 15 小时,而冬季的白天时间短,一般在 9～10 小时。由此可知,由于冬季的白天时间短,如果不给予人工补充光照,它的自然光照时间就无法进入光敏感时间区内,所以,冬季饲养后备种鸡,其开产日龄(性成熟)必然推迟。激活鸡的脑垂体分泌激素的最佳光照时间长度要求是 13～14 个小时。一般称 13～14 个小时的光照时间长度是育成期的临界值。所以,在育成期要控制性成熟光照必须少于11～12个小时。为充分发挥种鸡的产蛋性能,其连续照明时间一般以16小时为好。从人工补光的效果来看,以早晚两头补光较好。需要注意的是,产蛋期间的补光,不能若明若暗,忽补忽停,更不能减少,时间的变换应每周逐步延长20～40分钟,不能一下子就改变,否则会引发产蛋母鸡的脱肛疾患。

1. 生长期的光照管理 光照分自然光照与人工光照(灯光)两种。无论哪一种光照对鸡的性成熟期、产蛋量、蛋重、受精率、孵化率等都有影响。因此,正确掌握生长期(包括育雏期和育成期)的光照时间是至关重要的。此期间的光照原则是:时间宜短,中途不宜逐渐延长;强度宜弱,不可逐渐增强。

生长鸡每天光照时间一般要在8～10小时,最多不超过11小时。如果光照时间过长或在此期间逐渐延长光照时间,都会使鸡提早产蛋,最终降低产蛋量和蛋重。这是因为过于早产的鸡容易早衰,影响产蛋潜力的充分发挥。光照强度以5～10勒为宜。光线过强,鸡会显得烦躁不安,在密集饲养条件下往往会造成严重的啄食癖。

(1)开放式鸡舍鸡群的光照管理 鸡群处在自然光照的条件下,由于季节性的变化,日照时间长短不同,所以要根据当地日照时间的长短掌握。我国处于北半球,绝大多数地区位于北纬20°～45°之间,冬至(12月22日前后)日照时间最短,以后逐渐延长;而到夏至(6月22日前后)日照时间最长,以后又逐渐缩短。在这种日照状况下,开放式鸡舍可采用以下的采光方法。

①完全利用自然光照 目前养鸡户大多都是开放式鸡舍,历来又有养春雏的习惯,一般春、夏季孵出的雏鸡(4～8月份),在其生长后期正处在日照逐渐缩短或日照较短的时

期,在产蛋之前所需要的光照时间长短与当时的自然光照时间长短差不多,所以一般养鸡户在此期间采用自然光照,不必增加人工光照,既省事又省电。但是,控制性成熟和开产期,除了光照管理外,还应配合限制饲喂。

②补充人工光照 秋冬雏(9月份至翌年3月份),其生长后期正处在日照逐渐延长或日照时间较长的时期。在此期间育雏和育成,如完全利用自然光照,通常会刺激母鸡性器官加速发育,使之早熟、早衰。为防止这种情况发生,可采用以下两种人工光照补充方法。

一种是恒定光照法,即将自然光照逐渐延长的状况变为稳定的较长光照时间。从孵化出壳之日算起,根据当地日出、日落的时间,查出18周龄时的日照时数(如为13小时),除了1~3日龄为24小时光照外,从4日龄开始到18周龄均以此为标准,日照不足部分均用人工补充光照。补充光照应早晚并用。恒定光照时间13小时,即早上5时开灯,到日出为止;下午从日落开灯,到18时关灯。采用此方法时,要注意在生长期中每天光照时数绝不能减少,更不能增加。

另一种是渐减光照法,即首先算出鸡群在18周龄时最长的日照时间,再加上4日龄人工光照时数,然后每周逐渐减少。如从孵化出壳之日算起,根据当地气象资料查出18周龄时的日照时数为15小时,再加上4.5个小时人工光照为其4日龄时总的光照时数(自然光照为15小时,再加4.5小时人工光照,总计光照时数为19.5个小时),除1~3日龄为24小时人工光照外,从第一周龄起,每周递减光照时间15分钟,直至18周龄时,正好减去4.5小时,为当时的自然光照时间即15小时。

(2)密闭式鸡舍鸡群的光照管理 由于密闭式鸡舍完全

采用人工光照,所以光照时间和强度可以人为控制,完全可按照规定的制度正确地执行。

一种是采用恒定的光照方法,即1～3日龄光照24小时,4～7日龄为14小时,8～14日龄为10小时,自15日龄起到18周龄光照时间恒定为8小时。

另一种是采用渐减的光照方法,即1～3日龄光照24小时,4～7日龄14小时,从2周龄开始每周递减20分钟,直到18周龄时光照时间为8小时20分钟。

(3)不同光照方法对性成熟的影响　试验表明,在生长期间,同一品种在相同的饲养管理条件下,仅是光照方法的不同其性成熟程度也不同。

渐减法比恒定法更能延缓性成熟期,可推迟10天左右,且其他各项经济指标都好于恒定法。渐减法的最少光照时间以不少于6小时为限。

恒定法的照明时间越长,性成熟越早,通常以14～8小时为宜。

几种光照方法对推迟性成熟的程度依次为:渐减法大于恒定法(光照时间短的大于光照时间长的),而恒定法大于自然光照。

2. 产蛋期的光照管理　此阶段光照管理的主要目的是给以适当的光照,使母鸡适时开产和充分发挥其产蛋潜力。

种鸡产蛋期的光照原则是:时间宜长,中途不可缩短,一般以14～16小时为宜;光照强度在一定时期内可渐强,但不可渐弱。

实践证明,在生长期光照合理,产蛋期光照渐增或不变,光照时间不少于14～15小时的鸡群,其产蛋效果较好。

(1)改变光照方式的周龄　鸡到性成熟时,为适应产蛋的需要,光照时间的长度必须适当增加。有资料认为,如估计母鸡在23周龄时产蛋率为5%,那么应该在母鸡开产前4周,即应在19周龄时增加光照。产蛋期的光照时间必须在光照临界值以上,最低应达到13小时。其趋势是从增加光照时间以后,应逐渐达到正常产蛋的光照时间14～16小时后恒定(一般应达到16小时)。光照最长的时间(如16小时)应在产蛋高峰(一般在30～32周龄)前1周达到为好。

(2)光照方式的转变方法　利用自然光照的鸡群,在产蛋期都需要人工光照来补充日照时间的不足。但从生长期光照时间向产蛋期光照时间转变时,要根据当地情况逐步过渡。春夏雏的生长后期处于自然光照较短时期,可逐周递增,补加人工光照0.5～1小时,至产蛋高峰周龄前1周达16小时为好。对于生长期恒定光照在14～15小时的鸡群,到产蛋期时可恒定在此水平上不动,也可少量渐增到16小时光照为止。在生长期采用渐减光照法和短时间恒定光照(如8小时)的鸡群,在产蛋期应用渐增光照法,使母鸡对光照刺激有一个逐渐适应的过程,这对种鸡的健康和产蛋都是有利的。

递增的光照时间可以这样计算:从渐增光照开始周龄起到产蛋高峰前1周为止的周龄数除以递增到16小时的光照时间递增总时数,其商数即为在此期间每周递增的光照时间数。至于生长期饲养在密闭鸡舍的鸡群,可计算从生长后期改变光照时的周龄到产蛋高峰周龄前1周的周龄数除以改变光照时的起始光照小时到16小时的增加光照时数,其商数即为此期间每周递增的光照时数。如到18周龄时光照时数为8小时,到达产蛋高峰前1周的周龄为29周,此时的光照时数要求达16小时,期间周龄数为11周,所增加的光照时数为$16-8=8$小时,每周递增$8\times60\div11=44$分钟,可在29周龄时达到光照 16 小时的目标。

3. 光照管理的注意事项

第一,光照管理制度应从雏鸡开始,最迟也应在 7 周龄开始,不得半途而废,否则,达不到预期的效果。

第二,产蛋期间增加光照时间,应逐渐进行,尤其在开始时最多不能超过 1 小时,以免突然增加光照而导致脱肛。

第三,补充光照的电源要可靠,要有停电时的应急措施,防止因停电造成光照时间忽长忽短,使鸡体生理功能受到干扰而最终导致减产。

第四,为保持鸡舍内的光照强度稳定,每周都应擦去灯泡及灯罩上的灰尘,保持清洁明亮,随时更换坏灯泡。据测试,脏灯泡的光照强度降低 1/3~1/2。

第五,灯泡之间的距离应为灯泡与鸡体之间距离 2.1~2.4 米的 1.5 倍。如果鸡舍内有多排灯泡,则灯泡位置应交错分布,使光照强度比较均匀。

(四)产蛋期间温度的控制

高温环境对种鸡产蛋甚为不利。鸡无汗腺,再加上羽毛的覆盖,靠皮肤蒸发散热的热量是很有限的。鸡几乎完全靠呼吸来蒸发散热,环境温度越高,鸡的体温越高,呼吸频率也越高。当环境温度高达 37.8℃ 时,有些鸡就会发生中暑死亡。产蛋鸡比较耐寒,但舍温偏低同样是有害的。对成年鸡来说,适宜的温度范围为 5℃~27℃,13℃~16℃ 时产蛋率较高,15.5℃~20℃ 时产蛋的饲料效率较高,20℃~25℃ 时公鸡精液品质最好。超过 30℃,母鸡产蛋量和公鸡精液品质均下降。因此,鸡舍内温度,夏季不超过 30℃,冬季不低于 5℃。

(五)种鸡的日常管理

1. 适宜的生活空间和饲具 除育种场外,商品鸡场和家庭养殖户多数以平面饲养为主,其适宜的生活空间和饲具见表 6-12。

表 6-12 黄羽肉鸡种鸡适宜的生活空间和饲具

类 别	材料和器具	育雏期 (0～6周)	育成期 (7～22周)	产蛋期 (23～64周)
地 面	垫 草	20～25只/米²	8～12只/米²	6～7.5只/米²
	1/3垫草、 2/3板条	—	7～10只/米²	6～8只/米²
饲 具	食 槽	5厘米/只	7厘米/只	9厘米/只
	饲料盘	1个/100只鸡 (1～10日龄)		
饮水器	直径30～35 厘米吊桶	3个/100只鸡	8个/100只鸡	8个/100只鸡
	水 槽	2.5厘米/只	2.5厘米/只	2.5厘米/只
产蛋箱	—	—	—	1个/4只鸡

注:1. 通风不良鸡舍,每只鸡应增加50%的生活空间

2. 天气炎热时,应增加饮水器数量

2. 正确断喙、断趾 为了防止大群饲养的鸡群中发生啄癖,一般在7～10日龄断喙。对母鸡,一般上喙断去1/2,下喙断去1/3,断喙长度一定要掌握好,过长止血困难,过短很快又长出来,断喙后应呈上短下长的状态。对公雏,只要切去喙尖足以防止其啄毛即可,不能切得太多,避免影响其配种能力。

专用的电动断喙器有大小两个孔,可以根据雏鸡大小来

掌握。一般用右手握鸡,大拇指按住鸡头,使鸡颈伸长,将喙插入孔内踏动开关切烙。没有断喙器时,可用100~500瓦的电烙铁或普通烙铁,将其头部磨成刀形,操作时可左手握鸡,右手持通电的电烙铁或烧红的烙铁按要求长度进行切割,也可用剪刀按要求剪后再用烙铁烫平其喙部,烙烫可起到止血作用。

为防止断喙时误伤舌头,可将脖子拉长,舌头就会往里缩。断喙后2~3天内,为防止啄食时喙与食槽底部碰撞而出血,一般要多加料和水,停止控饲和接种各种疫苗。为加速血液凝固,可在饲料及水中添加维生素K。

为防种公鸡在交配时其第一足趾及距伤害母鸡的背部,应在雏鸡阶段将公雏的第一足趾和距的尖端烙掉。

3. 管理措施的变换要逐步平稳过渡 从育雏、育成到产蛋的整个过程中,由于生理变化和培育目标的不同,在饲养管理等技术措施上必然有许多变化,如育雏后期的降温、不同阶段所用饲料配方的变更、饲养方式的改变、抽样称重、调整鸡群以及光照措施等的变换,一般来说都要求有一个平稳而逐步变换的过程,避免因突然改变而引起新陈代谢紊乱或处于极度应激状态,造成有些鸡光吃不长、产蛋量下降等严重的经济损失。例如,在变更饲料配方时,不要一次全换,可以在2~3天内新旧料逐步替换。在调整鸡群时,宜在夜间光照强度较弱时进行,捕捉时要轻抱轻放,切勿只抓其单翅膀或单腿,否则有可能因鸡扑打而致残。公鸡放入母鸡群中或更换新公鸡亦应在夜间放入鸡群的各个方位,可避免公鸡斗殴。一般在鸡群有较大变动时,为避免骚动,减少应激因素的影响,可在实施方案前2~3天开始在饮水中添加维生素C等。

4. 认真记录与比较 这是日常管理中非常重要的一项

工作。必须经常检查鸡群的实际生产记录,如产蛋量、各周龄产蛋率、饲料消耗量、蛋重、体重等,并与该鸡种的性能指标进行比较,找出问题并采取措施及时修正。认真记录鸡群死亡、淘汰只数,解剖结果,用药及其剂量等,以便于对疾病的确诊和治疗。

5. 密切注意鸡群动态 通过对鸡群动态的观察可以了解鸡群的健康状况。平养和散养的鸡群可以抓住早晨放鸡、饲喂以及晚间收鸡时观察。如清晨放鸡及饲喂时,健康鸡表现出争先恐后、争采食料、跳跃、打鸣、扑扇翅膀等精神状态;而病、弱鸡则有耷拉脖子、步履蹒跚、呆立一旁、紧闭双眼、羽毛松乱、尾羽下垂、无食欲等症状。病鸡经治疗虽可以恢复,但往往也要停产很长一段时间,所以病鸡宜尽早淘汰。

检查粪便的形态是否正常。正常粪便呈灰绿色,表面覆有一层白霜状的尿酸盐沉淀物,且有一定硬度。粪便过稀,颜色异常,往往是发病的早期症状,如患球虫病时粪便呈暗黑或鲜红色;患白痢病时排出白色糊状或石灰浆状稀粪,且肛门附近污秽、沾有粪便;患新城疫的病鸡粪便为黄白色或黄绿色的恶臭稀粪。总之,发现异常粪便要及时查明原因,对症治疗。

晚间关灯时可以仔细听鸡的呼吸声,如有打喷嚏声、打呼噜的喉音等响声,则表明患有呼吸道病,应隔离出来及时治疗,避免波及全群。

检查鸡舍内各种用具的完好程度与使用效果。如饮水器内有无水,其出口处有无杂物堵塞;对利用走道边建造的水泥食槽,其上方有调节吃料间隙大小横杆的,要随鸡体生长而扩大,检查此位置是否适当;灯泡上灰尘抹掉了没有,以及通风换气状况如何等。

6. 严格执行卫生防疫制度 按免疫程序接种疫苗。严格人场、入舍制度,定期消毒,保持鸡舍内外的环境清洁卫生,经常洗刷水槽、食槽。保证饲料不变质。

7. 根据季节的变换进行合理的管理

(1)冬季 冬季气温低,日照时间短,应加强防寒保暖工作。如鸡舍加门帘,北面窗户用纸糊缝或临时用砖堵死封严,或外加一层塑料薄膜,或覆加厚草帘保温。

冬季有舍外运动场的鸡舍要推迟放鸡时间,鸡群喂饱后再逐渐打开窗户,待舍内外温度接近时再放鸡。大风降温天气不要放鸡。

禁止饮用冰水或任鸡啄食冰霜。有条件的鸡场可用温水拌料,让鸡饮温水。

冬季鸡体散热量加大,在饲料中可增加玉米的配比,使之获得更多的能量来维持正常代谢的消耗。此外,冬季应按光照程序补足所需光照时数。

(2)春季 春季气温逐渐转暖,日照逐渐增长,是一年中产蛋率最高的季节。要加强饲养管理,注意产蛋箱中垫料的清洁,勤捡蛋,减少破蛋和脏蛋。

由于早春天气多变,应注意预防鸡感冒。春季气温渐高,各种病原微生物容易孳生繁殖,在天气转暖之前应进行一次彻底的清扫和消毒。加强对鸡新城疫等传染病的监测和接种预防。

(3)夏季 夏季日照时间增长,气温上升,管理的重点是防暑降温,促进食欲。可采用运动场搭凉棚,鸡舍周围种草减少地面裸露等方法以减少鸡舍受到的辐射和反射热。及时排除污水、积水,避免雨后高温加高湿状况的出现。早放鸡、晚关鸡,加强舍内通风,供给清凉饮水。

针对夏季气温高,鸡的采食量减少,可将喂料时间改在早晚较凉爽时饲喂,少喂勤添。要调整日粮,增加蛋白质成分而减少能量饲料(如玉米等)的用量。

(4)秋季　秋季日照时间逐渐缩短,要按光照程序人工补充光照。昼夜温差大,应注意调节,防止由此给鸡群带来不必要的损失。

在调整鸡群及母鸡开产前,要实施免疫接种或驱虫等卫生防疫措施。做好入冬前鸡舍防寒的准备工作。

(六)种公鸡的饲养管理

种公鸡饲养管理对种母鸡的饲养效益的实现及对其后代生产性能的影响是极其重要的。

为了培育生长发育良好、具有强壮体格、体重适宜、气质活泼、性成熟适时、性行为强且精液质量好、授精能力强且利用期长的种公鸡,必须根据公鸡的生理和行为特点,做好有关的饲养和管理工作。

1. 种公鸡的常见问题及饲养目标　种公鸡生长速度快,育成期和成年期都容易超重,从而使受精率降低,尤其在45周龄后,受精率降低更为严重。这是肉用种公鸡饲养中普遍存在而影响最大的问题。

饲养种公鸡的主要目标是:育成健壮的种公鸡;保持较高的受精率;种公鸡全程死亡率与废弃淘汰率低。这三大目标中任一目标的实现都要求种鸡保持准确的标准体重,亦即只有保持全程体重都符合标准,才能达到上述三项目标。也可以说,保持全程体重都符合标准是饲养种公鸡的中心任务和最直接的目标。

2. 种公鸡育成的方式与条件　为了尽量减少公鸡腿脚部的疾患,一般认为,肉用种公鸡在育成期间无论采用哪种育成方式都必须保证有适当的运动空间,大多数都推荐全垫料地面平养或者是 1/3 垫料与 2/3 栅条结合的饲养方式。同时,饲养密度要比同龄母鸡少 30%～40%。

3. 种公鸡的体重控制与限制饲养 过肥过大的公鸡会导致动作迟钝,不愿运动,追逐能力差,往往影响精子的生成和授精能力;由于腿脚部负担加重,容易发生腿脚部的疾患,尤其到 40 周龄后更趋严重,以致缩短了种用时间。所以普遍认为,种公鸡至少从 7 周龄左右开始直至淘汰都必须进行严格的限制饲养,应按各有关育种公司提供的标准体重要求控制其生长发育。

4. 公母分槽饲喂 严格控制料量及营养水平是准确控制种公鸡体重的根本措施。

第一,育成期公、母种鸡必须分群饲养,分别按要求控制采食量。公鸡采食量高峰比母鸡早,约在 24 周龄(即母鸡开始产蛋时)时采食量高峰已经到来。

第二,成年期群饲的种鸡必须公母混群饲养,但要实行分槽饲喂。喂母鸡的饲槽或料桶上需要加上专用的隔栅,栅条距离必须在 4.1～4.2 厘米间,只允许母鸡采食,公鸡头却伸不进去,无法采食。喂公鸡的料桶应吊高,距离地面 41～45 厘米,公鸡站立刚能吃到料,母鸡则够不着。

5. 断喙、剪冠、断趾 由于自然交配时,公鸡要依靠喙来保持躯体平衡,所以对种公鸡断喙必须严格准确,要求断喙长度适宜,即留长一点,上下喙都切掉 1/3,保持长短相等。为了减轻公鸡斗伤程度及便于采食,种公鸡出壳当天要进行剪冠。为了防止交配时公鸡抓伤母鸡及减轻争斗,同时还需要在育雏阶段进行断趾,即将后趾和内侧趾在末端的趾甲根处烙掉趾甲。

6. 选种与配种 于6～7周龄时选种1次,将雌雄鉴别错误、腿脚有缺陷及体重过轻的公鸡淘汰掉。如果采用自然交配,可按1∶8选留;与育成期母鸡开产前合群时再选淘1次,剔出畸形及体重低于标准10%的公鸡,使留种公、母鸡配比以1∶13左右为宜。配种期间发现腿跛或生病的公鸡必须随时淘汰。48～52周龄时,可给每100只母鸡增加3或4只公鸡。如果采用人工授精,公、母鸡配比可适当加大。

十一、人工授精技术

(一)公鸡的生殖生理

公鸡的生殖器官主要由睾丸、附睾、输精管和退化的交配器构成(图6-1)。

1. 睾丸 睾丸有左右各1个,位于腹腔脊柱腹侧,肾脏前叶下方形似黄豆。其颜色、大小和质量常因品种、年龄和性功能活动而有变化,一般为淡黄色。地方土鸡种公鸡睾丸重8～15克。在自然条件下,成年公鸡在春季性功能特别旺盛,精子大量形成,睾丸颜色变白,体积变大。当性功能减退时则变小。睾丸不仅是精子生成的器官,而且还能分泌雄性激素促进性发育。

2. 附睾 其前端接睾丸,后连输精管,位于睾丸内侧凹部。公鸡的附睾不发达。

3. 输精管 输精管左右各1条,为弯弯曲曲的白色小管,是精子成熟的场所,由前至后逐渐变粗形成一膨大部,此处贮存有大量成熟的精子。输精管末端突出于泄殖腔内,成为圆锥状输精管乳头。

4. 交配器官 公鸡没有真正的阴茎,只有退化的交配器。它位于泄殖腔第二、第三皱襞连接处,中间的白色球体为生殖突起,两侧围以规则的皱襞,呈"八"字状,所以称八字皱襞。生殖突起与八字皱襞构成显著的隆起,称为隆起。公鸡交配时生殖隆起由于充血,勃起围成输精沟,精液则从输精沟流入母鸡阴道口。

刚孵出的公雏,生殖隆起比较明显,可以由此鉴别公母雏。

当公鸡产生具有受精能力的精子时,即为性成熟。早熟品种如江西白耳黄鸡的公鸡 20 周龄达性成熟,而特别早熟的个体于 12 周时开始啼叫。我国大多数优质地方黄羽肉鸡的性成熟较迟,一般在 25~28 周。

精子形成所需的时间在 28 天左右。如果饲养不当,造成精液品质下降,则会引起种蛋受精率、出雏率下降。从找出原因采取改善措施开始,大约 20 天以后才能使公鸡精液品质逐渐改善。

鸡冠,肉垂是公鸡的第二性征,均受雄性激素的影响。鸡冠生长与睾丸发育速度是一致的。所以,可根据鸡冠发育程度判断性成熟的早晚,但应注意品种及饲养管理条件的差异。

6-1 公鸡生殖器官
1.后腔静脉 2.睾丸
3.附睾 4.肾前叶
5.肾中叶 6.输尿管
7.主动脉 8.输精管
9.肾后叶 10.泄殖腔

(二)母鸡的生殖生理

母鸡的生殖器官由卵巢和输卵管组成(图 6-2)。成年鸡仅左侧的卵巢和输卵管发育正常,右侧卵巢和输卵管在早期个体发育过程中,已停止发育并逐渐退化。

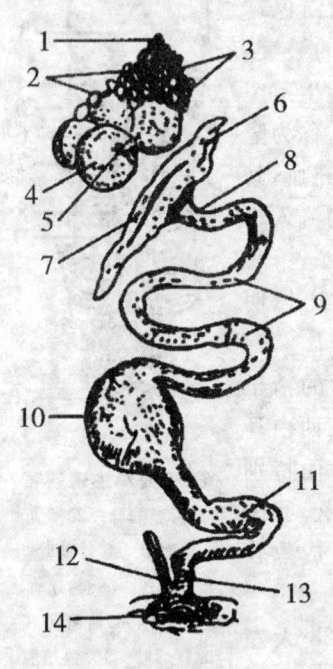

6-2　母鸡生殖器官
1. 卵巢基　2. 发育中的卵泡
3. 排卵后的卵泡　4. 成熟的卵泡
5. 卵泡缝痕　6. 喇叭部
7. 喇叭部入口　8. 喇叭部的颈部
9. 蛋白分泌部　10. 峡部(内有形成中的蛋)
11. 子宫部　12. 退化的右侧输卵管
13. 阴道部　14. 泄殖腔

1. 卵巢　卵巢位于腹腔中线偏左侧,在肾脏前叶的前端。由卵巢系膜韧带吊于腹腔背侧。卵巢由含有卵母细胞的皮质和内部的髓质构成。性成熟时,母鸡的卵巢呈葡萄状,上面有许许多多不同发育阶段的白色卵泡。每个卵泡含有1个卵母细胞。1个成熟的卵巢,肉眼可见1 000～1 500个卵泡,在显微镜下可观察到更多,约12 000个。但实际发育成熟而排卵的为数很少。成年母鸡产蛋时的卵巢重40～60克,休产时仅4～6克。卵巢除产生卵子外,还能分泌雌激素,促进输卵管的生长,使耻骨及肛门张开、增大以利于产蛋。

2. 输卵管　输卵管是一个弯曲的长管,富有弹性,管壁有许多血管。前端开口于卵巢下方,后端开口于泄殖腔,共分5个部分:漏斗部(又称喇叭部)、膨大部(蛋白分泌部)、峡部(形成内外蛋壳膜)、子宫(分泌子宫液,形成蛋壳的场所)和阴道。处于产蛋期的母鸡输卵管粗而长,几乎占满左侧腹腔,重约75克,长约65厘米。

(三)鸡人工授精技术的优越性

第一,提高受精率。据报道,美国笼养母鸡人工授精的种蛋受精率高达96.2%。在我国优质黄羽肉鸡饲养业中,人工授精的种蛋的受精率也高达93%～95%以上,明显高于自然交配的鸡群。

第二,扩大公、母鸡比例,提高种公鸡的利用率,节省成本。据报道,1只公鸡每隔1天采精1次,1周内可输给60～70只种母鸡,从而提高了优秀种公鸡的利用率,减少种公鸡的饲养量。因而采用人工授精技术生产种蛋,可以降低生产成本。

第三,可以克服因公、母鸡个体体重悬殊难于交配的困难。在公鸡受伤无法进行自然交配时,特别是对优秀个体,采用人工授精技术后,就能使该优秀个体得到充分利用。

第四,在进行对比试验时,采用人工授精可以减少与配公鸡个体间差异,增加试验的准确性和可靠性。

第五,种母鸡可以笼养,使产蛋性能的记录更加准确,促进育种工作的进展。笼养可使种鸡舍生产过程完全机械化,与平养比较,生产种蛋的饲料消耗可以减少10%～15%。

由于扩大公母比例,因而可得到大量同一日龄的后代,在短期内更可靠地按后代品质鉴定公鸡,另外还可以加速公鸡的调换。

第六,避免或减少性器官疾病的传播。

第七,冷冻精液的使用,可以使配种不受种公鸡生命的限制。公鸡死后,利用冷冻精液,可以达到品种或品系复制的目的。目前有些国家正在考虑成立"精液银行",扩大基因库。

第八,有利于国内及国际间优良品种或品系公鸡精液的交换,打破时间、地区或国界的限制。

(四)采　精

1. 采精前的准备　采精前公鸡应与母鸡分开,实行个体笼养或小群饲养。用剪毛剪剪去公鸡泄殖腔周围的羽毛,避免影响操作和污染精液。采精前4小时应停食停水,避免采精时排出粪尿,集精杯应用蒸馏水洗净后烘干备用。

2. 采精方法　采精方法有按摩法、电刺激法等,一般应用的是按摩法。采用按摩采精法操作时,助手用左右手分别将公鸡两脚握住,抓住翅膀尖,自然分开,置于右腋下,或靠着大腿使鸡头向后,尾部朝前。术者先用百毒杀棉球消毒泄殖腔周围,然后进行采精。采精时术者先用右手中指和无名指夹住集精杯,杯口向下藏于手心内,避免按摩时集精杯受到污染,然后用左手从公鸡背鞍部向尾部方向按摩数次,引起性反射,待公鸡的尾巴向上翘时,左手迅速地转到尾羽下方,将尾羽拨向前方,与此同时,术者的右手拇指和无名指迅速由龙骨末端的柔软部向泄殖腔方向按摩。待泄殖腔外露时,右手的拇指和食指轻轻用力向上挤压泄殖腔,同时左手拇指和食指在泄殖腔的上侧向下压,待公鸡的退化交配器伸出而排出乳白色的精液时,迅速将右手夹着的集精杯口翻上,靠近交配器下缘,使精液流入杯内。精液不多或浓度大不易流入时,可以用集精杯边缘轻轻将精液刮入杯内。平均每只公鸡可采得精液0.3毫升(0.1~1毫升),大型鸡种的精液量多些,轻型鸡种少些。

若公鸡体型偏大,也可采用1人采精的方法,即把公鸡按在地上,用右腿按住鸡身进行保定,然后术者用两手进行采精,方法同上。此种采精方法,已在生产上广泛应用。

采精用的公鸡要事先训练,一般训练3天左右,可建立性条件反射,好的公鸡无需训练,也可采得精液。有些公鸡即使经过长时间地训练,也排不出精液,或只排出极少量的精液,这些公鸡应予淘汰。采得的精液必须进行评定,凡是精液品质差的公鸡也应淘汰。

(五)人工授精技术

1. 授精前的准备 将授精器(微量吸液器或输精枪)洗净、烘干备用,将采好的精液按所需的倍数先稀释好或用原液。采好的精液必须在30分钟内使用完。品质差及被粪尿污染的精液不能作为授精用。

2. 授精方法 优质黄羽肉鸡的授精要比其他家禽容易,只要助手用左手将母鸡固定,右手的拇指处在母鸡泄殖腔左侧,另外4指自然并拢置于泄殖腔下方,轻轻向前挤压,泄殖腔外翻,可见2个开口,中间的为直肠开口,左侧粉红色的为输卵管开口。术者将吸好精液的授精器插入输卵管口内,输入所需的精液量即可。这种阴道输精法,是目前生产中应用最为普遍的方法。授精后三四天即可收到受精蛋,留做种用。

(六)影响种蛋受精率的因素

1. 精液品质 公鸡新鲜精液的pH值为7~7.6,正常精液为乳白色,被粪便污染的精液为黄褐色,尿酸盐污染的精液有白色絮状物,带有血液的精液为粉红色。污染的精液不可作为授精用。透明液少、精液浓、精子活力高的精液,其受精率就高。

2. 精液的保存与稀释 新采集的未经稀释的精液,在20℃～25℃条件下存放时间超过 30 分钟,就影响其受精率。近 10 多年来由于对家禽精液的稀释保存进行了多方面的研究,使稀释精液在 2℃～5℃保存 24 小时的受精率超过 90%。在实际应用中,为了保证其受精率,仍要求采精后的精液在 30 分钟内使用完。

精液稀释的目的在于:一是扩大精液量,减少损失;二是为了延长精子的存活时间。在室温下未经稀释的精液,由于精子代谢旺盛,能量迅速被消耗,同时由于乳酸的累积,从而改变了精液的 pH 值,导致某些酶的活性被抑制,使精子丧失活力甚至死亡。稀释液主要为精子提供能源,保障细胞的渗透压平衡和离子平衡,提供缓冲液以防乳酸形成引起的 pH 值变化。此外在稀释液中还要添加抗生素,以防细菌生长。用于冷冻的稀释液还要添加保护剂,防止低温打击作用。现有的稀释液配方多种多样,有的成分很复杂,但是用新鲜精液授精时,只要采用简单的稀释液,如 0.9% 的生理盐水、5% 的葡萄糖液以及鲜牛奶等即可。

实践证明,精液的稀释有利于提高受精率。稀释倍数要依精液的品质(活力和密度)而定,一般是按 3～4 倍稀释。

3. 授精时间 大量研究已经证明,早上授精,蛋的受精率最低,下午 2～3 时以后授精,蛋的受精率最高,主要原因是子宫内有蛋时,精子在子宫内运行受阻。

4. 授精间隔与授精剂量 目前大多数是每隔 5～7 天授精 1 次,每次的精子数在 5 000 万以上,就可获得高的受精率。为保险起见,一般要输入 8 000 万～1 亿个精子,大约相当于0.025毫升精液(原液)的精子数,公鸡精液中精子的平均浓度为30亿个/毫升。如果用1:1稀释的精液输精,则每次输精量为0.05毫升。为确保其受精率,第一次授精时,授入的剂量要加倍,或者再重复授精1次。

5. 授精部位和深度 授精的部位和深度对种蛋的受精率有明显的影响。阴道授精有部分精液留在子宫颈处,而子宫授精则全部精子可以上行到输卵管伞部,因为子宫与阴道结合处是精子在输卵管中向上运动的障碍,所以认为深部授精可以提高受精率。但是由于阴道与子宫结合处有强有力的括约肌,深部授精的技术难度大,输卵管受到刺激,使卵巢和输卵管功能紊乱,易引起早产和停产。实验证明,深度授精时,会将大量的微生物带入子宫,所以在大规模人工授精时,均采用阴道授精法,深度为2~3厘米。

第七章 鸡病综合预防措施及合理用药

优质黄羽肉鸡规模化、集约化和产业化生产,预防和控制疾病工作显得特别重要。如何有效地防治鸡病,是优质黄羽肉鸡养殖场生产经营成功的一个重要保障。如果防治不力,轻则影响鸡群健康,重则导致鸡只发病死亡。为此,必须严格贯彻"以防为主,防治结合"的方针,采取综合性防治措施,降低发病率、死亡率,提高成活率,确保鸡群健康和养鸡生产的顺利进行。

一、鸡病发生的特点

就目前情况而言,我国优质黄羽肉鸡疾病发生具有如下特点。

(一)死亡率高

有些集约化养鸡场或养鸡专业户的鸡只死亡率高达20%左右,严重的批次可达30%～70%,甚至全群毁灭或被淘汰。造成死亡的原因比较复杂,各地各场(户)也不尽相同。但总的来说,发生的主要原因离不开疾病。

(二)疾病发生的种类增多,危害严重

危害养鸡业最严重的是传染性疾病,而传染病中又以病毒性传染病发生最多,危害最大。如鸡马立克氏病,多发于

40~60日龄,快速型肉用仔鸡此时已达上市屠宰日龄,死亡率不高。而优质黄羽肉鸡由于生产周期长达3~4个月,马立克氏病极易发生,造成大批死亡。

(三)新的疫病不断发生和流行

近年来,我国已发生并不同程度地流行过传染性贫血、传染性脑脊髓炎、病毒性关节炎、禽流感、肾型传染性支气管炎、腺胃型传染性支气管炎、大肝脾病、网状内皮组织增生病、包涵体肝炎、鸡弯曲菌病等疫病。特别是禽流感的发生,对养鸡业影响巨大。

(四)细菌性疾病的危害日趋严重

这在禽场布局合理,设备较好,技术规程及免疫程序较完善、合理,病毒病控制较为理想的鸡场尤为突出。大肠杆菌病、支原体病、沙门氏菌病等已成为养鸡场的常见疾病,此类细菌病对种鸡场危害极为严重。

(五)原有的次要疾病变成主要疾病

如鸡的大肠杆菌病、葡萄球菌病、绿脓杆菌病等,近几年来,在某些鸡场、季节,成为危害养鸡生产的主要疾病,损失巨大,甚至超过了像新城疫这样的烈性传染病。

(六)原有疾病出现非典型化和慢性化(或急性化)的新特点

其主要表现在流行特点、临床病状及病理变化等方面上,如鸡新城疫的非典型化和慢性化,成年鸡白痢沙门氏菌病的急性化等。

(七)寄生虫病多发

优质黄羽肉鸡大多采用地面平养方式,球虫病极易流行,预防和治疗费用大。另外,地方品种鸡在生长期和肥育期采取舍外放养方式,大量采食草、虫、菜等,易受各类寄生虫侵袭。

(八)呼吸道疾病的发生相对较少

典型的呼吸道疾病有鸡传染性支气管炎、传染性喉气管炎、鸡支原体病、鸡传染性鼻炎,这4种疾病在不同地区、不同季节虽然各有特点,但其共同特点是危害性大,尤其是鸡支原体病需特别注意,由于其广泛存在和具有垂直传播的特点,已成为某些养鸡专业户甚至大规模鸡场的病原,严重干扰了对其他传染病的防疫效果,尤其是在寒冷的地区和季节。优质黄羽肉鸡由于长期采用放养方式,活动量大,大量接触新鲜空气和阳光,因而呼吸道疾病的发生较普通肉鸡相对较轻。

二、鸡病综合预防措施

实践证明,要控制鸡群的疾病发生,首先应该认真抓好养鸡场的综合卫生防疫工作。

(一)鸡舍场地的合理选择

养鸡场应选择在背风向阳、地势高燥、易于排水、通风良好、水源充足、水质良好,以及远离屠宰场、肉食品加工厂、皮毛加工厂的地方。规模较大的鸡场,生产区和生活区应严格分开。鸡舍的建筑应根据本地区主导风向合理布局,从上风头向下风头,依次建筑饲料加工间、孵化间、育雏间、育成间、成鸡间。种鸡舍最好单独建在另一处。此外,还应建立隔离间、加工间、粪便和死鸡处理间等。

(二)把好鸡种引入关

鸡群发生疫病,多数是由于从外地或外单位引进了病鸡和带菌种蛋所致。为了切断疫病的传播,应坚持自繁自养。若需从外地引进鸡只或种蛋时,应首先了解当地有无疫情。若有疫情则不能购买。无疫情时,引进前也要进行严格检疫。新引进的鸡群应隔离观察20～30天,确认无疫病后方可与其他鸡只合群。若从外地引进种蛋,必须在种蛋入孵前进行严格消毒。

(三)科学的饲养管理,增强鸡体抗病力

1. 满足鸡群营养需要 疾病的发生与发展,与鸡群体质强弱有关。而鸡群体质强弱除与品种有关外,还与鸡的营养状况有着直接的关系。如果不按科学方法配制饲料,鸡体缺乏某种或某些必需的营养元素,就会使机体所需的营养失去平衡,新陈代谢失调,从而影响生长发育,体质减弱,易感染各种疾病。因此,在饲养管理过程中,要根据鸡的品种、大小、强弱不同,分群饲养,按其不同生长阶段的营养需要,供给相应的配合饲料,采取科学的饲喂方法,以保证鸡体的营养需要。同时还要供给足够的清洁饮水,注意鸡体的体质锻炼,增加放牧时间或运动时间,提高鸡群的健康水平。只有这样,才能有效地防御多种疾病的发生,特别是防止营养代谢性疾病的发生。

2. 创造良好的生活环境 饲养环境条件不良,往往影

响鸡的生长发育,也是诱发疫病的重要因素。要按照鸡群在不同生长阶段的生理特点,控制适当的温度、湿度、光照、通风和饲养密度,尽量减少各种应激反应,防止惊群的发生。

3. 采取"全进全出"的饲养方式 所谓"全进全出",就是同一栋鸡舍在同一时期内只饲养同一日龄的鸡,又在同一时期出栏。这种饲养方式简单易行,优点很多,既便于在饲养期内调整日粮,控制适宜的舍温,进行合理的免疫,又便于鸡出栏后对舍内地面、墙壁、房顶、门窗及各种设备彻底打扫、清洗和消毒。这样可以彻底切断各种病原体循环感染的途径,有利于消灭舍内的病原体。

4. 做好废弃物的处理工作 养鸡场的废弃物包括鸡粪、死鸡和孵化房的蛋壳、绒毛、死残雏鸡等。养鸡场一般在下风向最低位置的地方或围墙外设废弃物处理场。鸡粪一般是鸡群转(出)栏后,进行一次性清理或经常性清理,经无害化处理后直接装上卡车或用编织袋包装好,当作肥料出售。暂卖不出的应有粪棚贮存,避免日晒雨淋,造成污染和浪费。死鸡要深埋或焚烧,有条件的地方可加工作为饲料。如在法国,死鸡通常用专门的卡车收集起来,然后送去炼油,最后的剩余物用作动物饲料。蛋壳加工为矿物质饲料或进行无害化处理。绒毛的污染是孵化房一个严重的问题,应通过安装吸尘设备来加以解决。

5. 做好日常观察工作,随时掌握鸡群健康状况 逐日观察记录鸡群的采食量、饮水表现,粪便、精神、活动、呼吸等基本情况,统计发病和死亡情况,对鸡病做到"早发现、早诊断、早治疗",以减少经济损失。

(四)严格消毒

1. 鸡场、鸡舍门口处的消毒 鸡场及鸡舍门口应设消毒池,经常保持有新鲜的消毒液,凡进入鸡舍必须经过消毒池;车辆进入鸡场,轮子要经过消毒池。工作人员和用具要固定,工作人员不能随便去别的鸡舍串门,用具不能随便借出借入。工作人员每天进入鸡舍前要更换工作服、鞋、帽。不准非工作人员和参观者随便进入鸡舍。进入鸡舍必须消毒更衣,工作服要定期消毒。消毒池内常用3%～5%煤酚皂液(来苏儿)、10%～20%石灰乳或2%～3%火碱(氢氧化钠)溶液等。亦可用草席及麻袋等浸湿药液后置于鸡舍进出口处。场内的工作鞋不许穿出场,场外的鞋不许穿进场内。

2. 鸡舍的消毒 在进鸡之前一定要彻底清洗和消毒鸡舍。建筑物可先用水冲去表面灰尘,除去所有的污染物,包括全部换除垫草。空舍时间一般需要2周以上。常选用3%～5%煤酚皂溶液、2%～3%氢氧化钠溶液、20%石灰乳等进行喷雾或洗刷。

3. 种蛋消毒 有些病能通过蛋传递给雏鸡,刚产下的蛋易被粪便及垫料污染,存放时间越长,细菌繁殖得越多,超过30分钟,病菌就可以通过蛋壳气孔进入蛋内。故种蛋最好产出后随即熏蒸消毒,然后存放在消毒好的储藏室内,在入孵之前再进行一次消毒。种蛋常用福尔马林加高锰酸钾熏蒸消毒。

4. 饲养设备消毒 饲养设备包括食槽、笼具、水槽、蛋架、蛋箱等。一般用清水冲洗后,可选用5%的煤酚皂溶液、0.5%过氧乙酸或3%烧碱溶液、0.1%新洁尔灭溶液喷洒消毒。食槽应定期洗刷,否则会使饲料发霉变质;水槽要每天清洗。

5. 粪便消毒 粪便常用堆积发酵,利用产生的生物热进行消毒。如用消毒药,可用漂白粉按 5∶1 比例,即 1 千克鲜粪便加入 200 克漂白粉干粉,拌和后消毒。也可用石灰消毒。

(五)实施有效的免疫计划,认真做好免疫接种工作

免疫接种是指给鸡注射或口服疫苗、菌苗等生物制剂,以增强鸡对病原的抗病力,从而避免特定疫病的发生和流行。同时,种鸡接种后产生的抗体还可通过受精蛋传给雏鸡,提供保护性的母源抗体。因此,要特别重视鸡的免疫接种工作。

1. 优质黄羽肉鸡的免疫接种程序 优质黄羽肉鸡饲养周期较长,其接种疫苗与肉用仔鸡应有所不同。此外,各地方鸡病的流行特点和规律不同,免疫接种程序也不一样。各鸡场应根据当地鸡的发病特点和本场实际情况,制定出科学、合理的免疫接种程序,做好各种疫苗的接种工作。表 7-1 与表 7-2 是黄羽肉鸡商品鸡和种鸡的推荐免疫程序,供各地参考应用。

表 7-1 优质黄羽肉鸡商品鸡的免疫程序

日　龄	疫苗种类	免疫方法
1	马立克 CV1988 液氮苗	皮下注射
7	新城疫、传染性支气管炎 H_{120} 二联冻干苗	滴鼻、点眼
14	法氏囊中强毒力冻干苗	倍量饮水
14	新城疫油苗	皮下或肌肉注射
14	新城疫Ⅳ系冻干苗	滴鼻、点眼
21	禽流感二价(H_9,H_5)油苗	皮下或肌肉注射

续表 7-1

日　龄	疫苗种类	免疫方法
28	法氏囊中强毒力冻干苗	倍量饮水
	鸡痘冻干苗	刺种
35	新城疫、传染性支气管炎 H_{52} 二联冻干苗	滴鼻、点眼
	禽流感二价(H_9,H_5)油苗	皮下或肌内注射
65	新城疫Ⅳ系冻干苗	滴鼻、点眼

表 7-2　优质黄羽肉鸡种鸡免疫程序

日　龄	疫苗种类	免疫方法
1	马立克 CV1988 液氮苗	孵化室皮注
5	新城疫-传染性支气管炎 H_{120} 二联冻干苗	滴鼻、点眼
14	法氏囊中强毒力冻干苗	饮水
	新城疫Ⅳ系冻干苗	滴鼻、点眼
	新城疫油苗	肌注或皮注 0.25 毫升
21	禽流感二价(H_9,H_5)油苗	肌注 0.25 毫升
25	法氏囊中强毒力冻干苗	饮水
	鸡痘冻干苗	刺种
34	传染性喉气管炎冻干苗	点眼或涂肛
40	新城疫-传染性支气管炎 H_{52} 二联冻干苗	滴鼻、点眼
45	禽流感二价(H_9,H_5)油苗	0.5 毫升肌注
60	新城疫Ⅳ系冻干苗	滴鼻、点眼
	鸡痘冻干苗	刺种
75	传染性脑脊髓炎冻干苗	饮　水
100	传染性喉气管炎冻干苗	点眼或涂肛

续表 7-2

日　龄	疫苗种类	免疫方法
110	禽流感二价(H_9,H_5)油苗	肌注 0.5 毫升
117	新城疫-传染性支气管炎-减蛋综合征-传染性脑脊髓炎四联油苗	肌　注
127	法氏囊油苗	肌注
300	新城疫Ⅳ系冻干苗	气雾
	禽流感二价(H_9,H_5)油苗	肌注

2. 免疫接种的常用方法与要求　不同的疫苗、菌苗对接种方法有不同的要求,归纳起来主要有滴鼻、点眼、饮水、气雾、刺种、肌内注射及皮下注射等 7 种方法。

(1)滴鼻、点眼法　主要适用于鸡新城疫克隆 30、鸡新城疫 Lasota 系疫苗、传染性支气管炎疫苗及传染性喉气管炎弱毒型疫苗的接种。

滴鼻、点眼可用滴管、空眼药水瓶或 5 毫升注射器(针尖磨秃),事先用 1 毫升水试一下,看有多少滴。2 周龄以下的雏鸡以每毫升 50 滴为好,每只鸡 2 滴,每毫升滴 25 只鸡,如果一瓶疫苗是用于 250 只鸡的,就稀释成 $250 \div 25 = 10$(毫升)。比较大的鸡以每毫升 25 滴为宜,上述 1 瓶疫苗就要稀释成 20 毫升。

疫苗应用生理盐水或蒸馏水稀释,不能用自来水,避免影响免疫接种的效果。

滴鼻、点眼的操作方法:术者左手轻轻握住鸡体,食指与拇指固定住小鸡的头部,右手用滴管吸取药液,滴入鸡的鼻孔或眼内,当药液滴在鼻孔上不吸入时,可用右手食指把鸡的另一个鼻孔堵住,药液便很快被吸入。

(2)**饮水法** 滴鼻、点眼免疫接种虽然剂量准确,效果确实,但对于大鸡群,尤其是日龄较大的鸡群,要逐只进行免疫接种,费时费力,且不能在短时间内完成全群免疫。所以生产中常采用饮水法,即将某些疫苗混于饮水中,让鸡在较短时间内饮完,以达到免疫接种的目的。

适用于饮水法的疫苗有鸡新城疫Ⅱ系、鸡新城疫Ⅳ系(La-sota)疫苗、传染性支气管炎疫苗、传染性法氏囊病疫苗等。为使饮水免疫接种达到预期效果,必须注意以下几个问题。

第一,在投放疫苗前,要停供饮水2~3小时(依不同季节酌定),以保证鸡群有较强的渴欲,能在2小时内把疫苗水饮完。

第二,配制鸡饮用的疫苗水,需现用现配,不可事先配制备用。

第三,稀释疫苗的用水量要适当。正常情况下,每500份疫苗,2日龄至2周龄用水5升,2~4周龄7升,4~8周龄10升,8周龄以上20升。

第四,水槽的数量应充足,可以供给全群鸡同时饮水。

第五,应避免使用金属饮水槽,水槽在用前不应消毒,但应充分洗刷干净,不含有饲料或粪便等杂物。

第六,水中应不含有氯和其他杀菌物质。盐碱含量较高的水,应煮沸、冷却,待杂质沉淀后再用。

第七,要选择一天当中较凉爽的时间供给疫苗水,疫苗水应远离热源。

第八,有条件时可在疫苗水中加5%脱脂奶粉,对疫苗有一定的保护作用。

(3)**翼下刺种法** 主要适用于鸡痘疫苗、鸡新城疫Ⅰ系疫苗的接种。进行接种时,先将疫苗用生理盐水或蒸馏水按一定倍数稀释,然后用接种针或蘸水笔尖蘸取疫苗,刺种于鸡翅膀内侧无血管处。小鸡刺种1针即可,较大的鸡可刺种2针。

(4)肌内注射法　主要适用于接种鸡新城疫、禽流感等灭活疫苗。使用时,较小的鸡每只注射0.2~0.5毫升,成鸡每只注射1毫升。注射部位可选择胸部肌肉、翼根内侧肌肉或腿部外侧肌肉。

(5)皮下注射法　主要适用于接种鸡马立克氏病弱毒疫苗、新城疫Ⅰ系疫苗等。接种鸡马立克氏病弱毒疫苗,多采用雏鸡颈背皮下注射法。注射时先用左手拇指和食指将雏鸡颈背部皮肤轻轻捏住并提起,右手持注射器将针头刺入皮肤与肌肉之间,然后注入疫苗液。

(6)气雾法　主要适用于接种鸡新城疫Ⅰ系、鸡新城疫Ⅱ系、鸡新城疫Lasota系疫苗和传染性支气管炎弱毒疫苗等。此法是用压缩空气通过气雾发生器,使稀释的疫苗液形成直径为1~10微米的雾化粒子,均匀地悬浮于空气中,随呼吸而进入鸡体内。气雾接种应注意以下5个问题。

第一,所用疫苗必须是高价的、倍量的。

第二,稀释疫苗应该用去离子水或蒸馏水,最好加0.1%的脱脂奶粉或明胶。

第三,雾滴大小要适中,一般要求喷出的雾粒在70%以上,成鸡雾粒的直径应在5~10微米,雏鸡30~50微米。

第四,喷雾时房舍要密闭,要遮蔽直射阳光,保持一定的温、湿度,最好在夜间鸡群密集时进行,待10~15分钟后打开门窗。

第五,气雾免疫接种对鸡群的干扰较大,尤其会加重鸡病毒、霉形体及大肠杆菌引起的气囊炎,应予以注意。必要时于气雾免疫接种前后在饲料中加入抗菌药物。

3. 接种疫苗时应注意的事项

第一,严格按说明书要求进行接种疫(菌)苗。疫苗的稀释倍数、剂量和接种方法等,都要严格按照说明书规定进行。

第二,疫苗应现配现用。稀释时绝对不能用热水,稀释的疫苗不可置于阳光下暴晒,应放在阴凉处,且必须在2小时内尽快用完。

第三,接种疫苗的鸡群必须健康。只有在鸡群健康状况良好的情况下接种,才能取得预期的免疫效果。对环境恶劣、疾病、营养缺乏等情况下的鸡群接种,往往效果不佳。

第四,妥善保管、运输疫苗。生物药品怕热,特别是弱毒冻干苗必须低温冷藏,要求在0℃以下,灭活苗保存在4℃~8℃左右为宜。要防止温度忽高忽低,运输时要有冷藏设备。若疫苗保管不当,不用冷藏箱运输疫苗,存放时间过久而超过有效期,或冰箱冷藏条件差,均会使疫苗降低活力,影响免疫效果。

第五,选择接种疫苗的恰当时间。接种疫苗时,要注意母源抗体和其他病毒感染时,对疫苗接种的干扰和抗体产生的抑制作用。

第六,接种疫苗的用具要严格消毒。对接种用具必须事先按规定消毒。遵守无菌操作要求,接种后所用容器、用具也必须进行消毒,以防感染其他鸡群。

第七,注意接种某些疫苗时能用和禁用的药物。在接种禽霍乱活菌苗前后各5天,应停止使用抗生素和磺胺类药物。在接种病毒性疫苗时,在前2天和后5天可用抗菌药物,以防接种应激引起其他病毒感染。各种疫苗接种前后,可在饲料中添加比平时多1倍的维生素,以保持鸡群强健的体质。

此外,由于同一鸡群中个体的抗体水平不一致,体质也不同,同一种疫苗接种后反应和产生的免疫力也不一样。所以,单靠接种疫苗扑灭传染病往往有一定的困难,必须配合综合性防疫措施,才能取得预期的效果。

(六)采用药物预防疾病,提高鸡群健康水平

除对鸡群进行科学的饲养管理,做好消毒隔离、免疫接种等工作外,合理使用药物防治鸡病,也是做好疾病综合性防治的重要环节之一。鸡场应本着高效、方便、经济的原则,通过饲料、饮水或其他途径有针对性地对鸡使用一些药物,可有效地防止各种疾病的发生和蔓延。许多抗菌药物不但可以杀灭病菌,还有促进鸡只生长、改善饲料利用率的作用,如土霉素、金霉素和杆菌肽锌等,可作为生长促进剂使用。为防止鸡寄生虫感染,可使用驱虫净、可爱丹、氯苯胍等抗寄生虫药物。此外,为防止饲料发霉变质可加入丙酸钙等防腐剂;为防止饲料的氧化分解,可添加乙氧基喹啉(山道喹)、丁基化羟基甲苯(BHT)等抗氧化剂。值得注意的是,长期对鸡使用某一种化学药物防治疾病,易在鸡体内产生耐药菌株,从而使药物失效或达不到预期效果。因此,需要经常进行药物敏感试验,选择高效敏感化学药物进行防治。抗生素滥用所造成的药物残留和耐药性等问题,已越来越引起社会的关注。因此,饲料中应尽量减少药物添加剂的使用。

(七)加强疾病监测工作

为了提高防病、灭病措施的针对性和预见性,在大型鸡场内(或与其他单位合作)建立疾病监测室,根据生产发展的需要和实际条件,制定一些监测项目和工作规程。常规监测的

疾病至少应包括：禽流感、鸡新城疫、鸡白痢和伤寒。另外，根据当地的实际情况，选择其他一些必要的疫病进行监测。

1. 测定母源抗体水平，确定首次免疫的最佳时机 通过测定种鸡或出壳雏鸡的新城疫、传染性法氏囊等病的母源抗体水平，确定这些病的首次免疫接种最佳时机，从而可以解决生产中由于母源抗体高、过早用疫苗而影响免疫力产生，或因母源抗体低、接种疫苗过迟而受强毒感染引起发病的问题。

2. 测定免疫接种后鸡体内的抗体水平 鸡群经过一次免疫接种后，实际免疫效果的评价、有效免疫力持续的长短、再次免疫时机的确定，必须通过定期检测免疫后抗体滴度的消长情况做出科学的回答。一般在鸡群免疫接种2～3周后，采集血样或所产的蛋，测定抗体水平。当某种疫苗接种后相应的抗体滴度上升的幅度高又整齐时，表明免疫效果好，再定期采样检测，根据抗体滴度消长情况，便可以确定免疫保护期和再次免疫的合理时机。若疫苗免疫接种后，测不出相应的抗体（测试的方法是灵敏准确的）或抗体滴度上升幅度很低又不整齐，表明免疫效果不佳或称免疫失败。此时，除尽快寻找免疫失败的原因，吸取教训外，还要采取相应补救措施，如提前进行再次免疫接种，以保证鸡群免受强毒感染。

3. 对未经免疫接种的传染病进行定期的抗体检测 在定期的抗体检测中，未曾接种过疫苗的传染病应是抗体阴性，说明鸡群安全；若出现了抗体阳性鸡，表明鸡群中有此种传染病的传染源存在，鸡场兽医师可以根据疾病的性质采取相应的措施。若是新发生的急性传染病，可采取查明清除传染源、隔离、消毒等扑灭措施；若是慢性垂直传播的传染病，如鸡白痢、鸡白血病、呼吸道支原体病等，多采取定期检测活体、淘汰检出的抗体阳性鸡、隔离、消毒等综合性措施净化鸡群，以减少经济损失。

(八)发现疫情迅速采取扑灭措施

饲养人员要随时注意观察饲料、饮水消耗、排粪和产蛋等情况,若有异常,要迅速查明原因。发现可疑传染性病鸡时,应尽快确诊,隔离病鸡,封锁鸡舍,在小范围内采取扑灭措施,对健康鸡紧急接种疫苗或进行药物防治。因为传染病发病率高,流行快,死亡率高,所以无论什么地方或单位饲养的鸡群发生了传染病,都应及时通报,让近邻、近地区注意采取预防措施,防止发生大流行。

确诊为鸡新城疫、鸡霍乱、鸡痘等病时,对体温正常、无病状的健康鸡群可注射疫苗,迅速控制疫情的发展。

三、家禽合理用药

药物具有二重性。一方面,它能提高畜产品的产量与质量,防治动物疾病,改善饲料利用率,保障和促进养殖生产。另一方面,药物的不合理使用或滥用,将影响养殖业的持续发展和人类健康、引起残留超标、耐药性、环境污染等公害。

(一)药物的合理应用

化学药物包括抗菌药和抗寄生虫药,有的是微生物发酵生产的抗生素,有的是化学合成的产品。饲料中低浓度连续使用抗菌药物,能明显改善家禽的日增重和饲料的利用率,但用药不恰当,就能产生公害。因此,化学药物的使用要注意以下问题。

1. 选用正确的药物 每种药物都有其适用范围(或称适

应症)。例如,青霉素类主要抗革兰氏阳性菌,氨基苷类主要抗革兰氏阴性菌,四环素类和磺胺类抗菌范围较广,对革兰氏阴性菌和阳性菌都有作用,但只是抑菌作用而不是杀菌作用。大多数抗球虫药虽然对艾美耳球虫有抑制作用,但氨丙啉只对寄生于盲肠的球虫有效,对防治蛋鸡的球虫病效果较好。化学药物的品种选择不当,不仅收不到应有的效果,反而还引发病原的耐药性。一般情况下,凡不需使用抗菌药物的就不要使用,如病毒性感染。凡用一种药物能解决问题的,就不要用多种。凡窄谱抗菌药物就能起作用的,就不用广谱药物。

2. 确定合适的剂量 抗菌药物的剂量对保证用药效果,防止不良反应十分重要。剂量过小,达不到用药效果。剂量过大,则导致胃肠道常在菌群失调,引起消化功能紊乱。抗菌药物一般都有防治疾病和促进生长的双重作用,剂量不同,作用也不同。以金霉素为例,治疗疾病,每吨饲料添加 100~200 克;预防疾病,添加 50~100 克;促进生长,添加 10~50 克。

3. 严格掌握用药的时机和期限 在疾病发生过程中,抗菌药物一般在发病的初期和急性期使用,效果较好。抗菌药物还在用药的期限上有要求。大多数抗菌药物要求在动物或其产品上市前 1~2 周内停止使用,否则将导致药物在畜产品中发生残留。

4. 采用交叉式用药 指将病原微生物易产生耐药性的药物有计划地轮番在饲料(或饮水)中交替使用。包括轮换式用药(如一种药物连续使用几个月后,改用另一种药物)、穿梭式用药(在动物生长的不同阶段,分别使用不同的药物)和轮换式与穿梭式结合使用等具体方式。此类方式对于抗球虫药尤为重要。每种抗球虫药长期使用都会产生耐药性,药效会越来越差,而研制开发新药,费用巨大。目前普遍采用的方式是,每种抗球虫药在同一养殖场的使用时间一般都不会超过2周,然后更换为另一种抗球虫药。这样,就能有效避免球虫对药物产生耐药性。

5. 科学地联合用药　　对于严重感染如菌血症或败血症、混合感染如革兰氏阴性菌和阳性菌同时感染、继发感染或二重感染,某药单用会发生抗药性等情况,可将两种抗菌药物合用,以增强药物的效果,扩大适应症,降低毒副作用和防止耐药性发生。一般青霉素类与氨基糖苷类、磺胺类与抗菌增效剂合用,会产生协同作用,应选这些药物合用。其他抗菌药物之间合用,有些可能有相加作用,但大多数可能会发生拮抗作用。因此,一般不提倡合用。

(二)家禽不合理用药所引起的公害问题

1. 残留　　残留是指用药后药物的原形或其代谢产物在动物的细胞、组织、器官或可食性产品(如蛋)中的蓄积、沉积、贮存或结合。食品动物及其产品中的违规残留,大都是由于用药不合理或用药错误造成的。

残留对人体有许多危害。除变反应外,一般不表现为急性毒性作用,主要是慢性毒性,如耐药性转移与传播、二重感染、致畸作用、致突变作用、致癌作用和激素样作用等。这些作用,一般是人摄入低量残留一段时间后,残留物在体内逐渐蓄积所致。

2. 对肠道微生物的影响　　肠道微生物群落是一个微生态系统,其完整性是机体抗病力的一个重要指征。低浓度抗微生物药的连续出现,还对肠道微生物群落具有一种选择作用,有利于天然的或获得的耐药菌过量生长繁殖。耐药微生物数量增加,就构成了一个耐药质粒库,使耐药性得以转移给消化道的其他病原菌。另外,肠道微生物紊乱,还使其他药物的疗效受到影响,也影响健康。因此,人们有理由担心,人体摄入少量兽用抗微生物药(如动物性食品中残留),可能改变消化道的微生物群落,使消费者的健康状况下降。

3. 环境污染 虽然环境污染主要源于人的活动,但动物也是一个污染源。生长促进剂、抗生素、抗寄生虫药以及激素等兽药和饲料添加剂经饲料和饮水进入动物体内,然后由动物的粪尿排泄后直接进入环境(厩肥、水土和田野),从而造成环境污染,影响微生物的平衡体系和水土的循环过程。

(三)无害化用药

1. 国家允许使用的兽药 优质黄羽肉鸡饲养过程中应加强饲养管理,采取各种措施减少应激,增强动物自身的免疫力。并严格按照《中华人民共和国动物防疫法》和《无公害食品 肉鸡饲养兽医防疫准则》的规定做好预防,建立严格的生物安全体系,防止禽只发病和死亡,及时淘汰病鸡,最大限度地减少化学药品和抗生素的使用。必须使用兽药进行鸡病的预防和治疗时,应在兽医的指导下进行,以便选择恰当的药品,避免滥用药物。

对黄羽肉鸡进行预防、诊断和治疗疾病时所用的兽药,必须符合《中华人民共和国兽药典》、《兽药质量标准》、《进口兽药质量标准》和《兽用生物制品质量标准》。所用兽药必须来自具有《兽药生产许可证》和产品批准文号的企业,或者具有《进出口许可证》的供应商。所用兽药的标签必须符合《兽药管理条例》的规定。

表7-3给出了无公害食品肉鸡饲养中,在兽医指导下允许使用的治疗用药物的品种、用法、用量及休药期。

表 7-3 无公害食品肉鸡饲养中允许使用的治疗药

类别	药品名称	剂型	用法与用量（以有效成分计）	休药期（天）
抗菌药	硫酸安普霉素	可溶性粉	混饮，0.25~0.5 克/升，连饮 5 天	7
	亚甲基水杨酸杆菌肽	可溶性粉	混饮，预防，25 毫克/升；治疗，50~100 毫克/升，连用 5~7 天	1
	硫酸黏杆菌素	可溶性粉	混饮，20~60 毫克/升	7
	甲磺酸达氟沙星	溶液	20~50 毫克/升，1 次/天，连用 3 天	—
	盐酸二氟沙星	粉剂、溶液	内服、混饮，5~10 毫克/千克体重，2 次/天，连用 3~5 天	1
	恩诺沙星	溶液	混饮，25~75 毫克/升，2 次/天，连用 3~5 天	2
	氟苯尼考	粉剂	内服，20~30 毫克/千克体重，2 次/天，连用 3~5 天	30（暂定）
	氟甲喹	可溶性粉	内服，3~6 毫克/千克体重，2 次/天，连用 3~4 天，首次量加倍	—
	吉他霉素	预混剂	100~300 克/吨，连用 5~7 天，不得超过 7 天	7
	酒石酸吉他霉素	可溶性粉	混饮，250~500 毫克/升，连用 3~5 天	7
	牛至油	预混剂	22.5 克/吨，连用 7 天	
	金荞麦散	粉剂	治疗：混饲，2 克/千克 预防：混饲，1 克/千克	
	盐酸沙拉沙星	溶液	20~50 毫克/升，连用 3~5 天	—
	复方磺胺氯哒嗪钠（磺胺氯哒嗪钠＋甲氧苄啶）	粉剂	内服，20 毫克/（千克体重·天）＋4 毫克/（千克体重·天），连用 3~6 天	1
	延胡索酸泰乐菌素	可溶性粉	混饮，125~250 毫克/升，连用 3 天	
	磷酸泰乐菌素	预混剂	混饲，26~53 克/吨	5
	酒石酸泰乐菌素	可溶性粉	混饮，500 毫克/升，连用 3~5 天	1

续表 7-3

类别	药品名称	剂型	用法与用量（以有效成分计）	休药期（天）
抗寄生虫药	盐酸氨丙啉	可溶性粉	混饮,48 克/升,连用 5~7 天	7
	地克珠利	溶液	混饮,0.5~1 毫克/升	—
	磺胺氯吡嗪钠	可溶性粉	混饮,300 毫克/升 混饲,600 克/吨,连用 3 天	1
	越霉素 A	预混剂	混饲,10~20 克/吨	3
	芬苯哒唑	粉剂	内服,10~50 毫克/千克体重	—
	氟苯咪唑	预混剂	混饲,3 克/吨,连用 4~7 天	14
	潮霉素 B	预混剂	混饲,8~12 克/吨	3
	妥曲珠利	溶液	混饮,25 毫克/升,连用 2 天	—

治疗和预防药物的使用还需注意：严格遵守规定的作用与用途、使用剂量、给药途径、疗程和注意事项。化学药物的使用，要防止耐药性的产生和传播。抗球虫药应以轮换或穿梭方式使用。

所有药物都要遵守休药期规定，表 7-3 和表 7-4 中未规定休药期的品种,应遵守肉鸡休药期不少于 28 天的规定。《中华人民共和国兽药典》规定,用于家禽的中药材、中药成方制剂,应充分考虑药物在禽肉和禽蛋中的残留量。

禁止使用有致癌、致畸和致突变作用的兽药,禁止在饲料中长期添加兽药,禁止使用未经农业部批准或已经淘汰的兽药,禁止使用会对环境有严重污染的兽药,禁止使用激素类或其他具有激素样作用的物质和催眠镇静类药物,禁止使用未经国家兽医行政管理部门批准的用基因工程方法生产的兽药,限制使用某些人、畜共用药,主要是青霉素和喹诺酮类的一些药物。兽药的使用要注意配伍禁忌和体内相互作用。

必须使用符合《兽用生物制品质量标准》规定的疫苗对鸡只进行免疫,并符合行业标准的要求。

允许使用消毒防腐剂对鸡的饲养环境、厩舍和器具进行消毒,但不能使用酚类消毒剂,产蛋期还禁止使用醛类消毒剂。消毒剂要选择对人和禽安全、对设备无破坏性、没有残留毒性的品种,消毒剂的任一成分都不会在肉或蛋里产生有害的累积。

在无公害肉鸡的饲养过程中,使用兽药要求建立详细记录。还要建立并保存免疫程序记录,包括所用疫苗品种、使用方法、剂量、批号和生产单位。建立并保存患病肉鸡的预防和治疗记录,包括发病时间及症状、预防或治疗用药的经过、药物种类、使用方法及剂量、治疗时间、疗程及停药时间、所用药物的商品名称及主要成分、生产单位及批号、治疗效果等。所有记录资料应在清群后保存 2 年以上。

2. 国家禁用兽药及其化合物 鉴于我国动物性食品中兽药残留超标的事情在国内和国际市场上时有发生,为保证动物源食品安全,维护人民身体健康,根据《兽药管理条例》的规定,农业部于 2002 年 4 月发布了《食品动物禁用的兽药及其化合物清单》(表 7-4)。

表 7-4 食品动物禁用的兽药及其化合物清单

序号	兽药及其化合物名称	禁止用途	禁用动物
1	兴奋剂类:克仑特罗、沙丁胺醇、西马特罗及盐酯及制剂	所有用途	所有食品动物
2	性激素类:己烯雌酚及其盐、酯及制剂	所有用途	所有食品动物
3	具有雌激素样作用的物质:玉米赤霉醇、去甲雄三烯醇酮、醋酸甲孕酮及制剂	所有用途	所有食品动物

续表 7-4

序号	兽药及其他化合物名称	禁止用途	禁用动物
4	氯霉素及其盐、酯(包括琥珀氯霉素)及制剂	所有用途	所有食品动物
5	氨苯砜及制剂	所有用途	所有食品动物
6	硝基呋喃类:呋喃唑酮、呋喃它酮、呋喃苯烯酸钠及制剂	所有用途	所有食品动物
7	硝基化合物:硝基酚钠	所有用途	所有食品动物
8	催眠、镇静类:安眠酮及制剂	所有用途	所有食品动物
9	林丹(丙体六六六)	杀虫剂	所有食品动物
10	毒杀芬(氯化烯)	杀虫剂、清塘剂	所有食品动物
11	呋喃丹(克百威)	杀虫剂	所有食品动物
12	杀虫脒(克死螨)	杀虫剂	所有食品动物
13	双甲脒	杀虫剂	水生食品动物

附 录 黄羽肉鸡饲养标准

（摘自 NY/T2004《鸡饲养标准》）

附表1 黄羽肉鸡仔鸡营养需要

营养指标	单位	♀0～4周龄 ♂0～3周龄	♀5～8周龄 ♂4～5周龄	♀>8周龄 ♂>5周龄
代谢能(ME)	兆焦/千克	12.12(2.90)	12.54(3.00)	12.96(3.10)
粗蛋白质(CP)	%	21.0	19.0	16.0
蛋白能量比	克/兆焦	17.33	15.15	12.34
赖氨酸能量比	克/兆焦	0.87	0.78	0.66
赖氨酸	%	1.05	0.98	0.85
蛋氨酸	%	0.46	0.40	0.34
蛋氨酸+胱氨酸	%	0.85	0.72	0.65
苏氨酸	%	0.76	0.74	0.68
色氨酸	%	0.19	0.18	0.16
精氨酸	%	1.19	1.10	1.00
亮氨酸	%	1.15	1.09	0.93
异亮氨酸	%	0.76	0.73	0.62
苯丙氨酸	%	0.69	0.65	0.56
苯丙氨酸+酪氨酸	%	1.28	1.22	1.00
组氨酸	%	0.33	0.32	0.27
脯氨酸	%	0.57	0.55	0.46
缬氨酸	%	0.86	0.82	0.70
甘氨酸+丝氨酸	%	1.19	1.14	0.97
钙	%	1.00	0.90	0.80
总磷	%	0.68	0.65	0.60
非植酸磷	%	0.45	0.40	0.35

续附表 1

营养指标	单 位	♀0～4周龄 ♂0～3周龄	♀5～8周龄 ♂4～5周龄	♀>8周龄 ♂>5周龄
钠	%	0.15	0.15	0.15
氯	%	0.15	0.15	0.15
铁	毫克/千克	80	80	80
铜	毫克/千克	8	8	8
锰	毫克/千克	80	80	80
锌	毫克/千克	60	60	60
碘	毫克/千克	0.35	0.35	0.35
硒	毫克/千克	0.15	0.15	0.15
亚油酸	%	1	1	1
维生素 A	单位/千克	5000	5000	5000
维生素 D	单位/千克	1000	1000	1000
维生素 E	单位/千克	10	10	10
维生素 K	毫克/千克	0.50	0.50	0.50
硫胺素	毫克/千克	1.80	1.80	1.80
核黄素	毫克/千克	3.60	3.60	3.00
泛酸	毫克/千克	10	10	10
烟酸	毫克/千克	35	30	25
吡哆醇	毫克/千克	3.5	3.5	3.0
生物素	毫克/千克	0.15	0.15	0.15
叶酸	毫克/千克	0.55	0.55	0.55
维生素 B_{12}	毫克/千克	0.010	0.010	0.010
胆碱	毫克/千克	1000	750	500

附表2 黄羽肉鸡仔鸡体重及耗料量

周龄	周末体重(克/只)		耗料量(克/只)		累计耗料量(克/只)	
	公鸡	母鸡	公鸡	母鸡	公鸡	母鸡
1	88	89	76	70	76	70
2	199	175	201	130	277	200
3	320	253	269	142	546	342
4	492	378	371	266	917	608
5	631	493	516	295	1433	907
6	870	622	632	358	2065	1261
7	1274	751	751	359	2816	1620
8	1560	949	719	479	3535	2099
9	1814	1137	836	534	4371	2633
10	—	1254	—	540	—	3028
11		1380		549		3577
12	—	1548	—	514	—	4091

附表3 黄羽肉鸡种鸡营养需要

营养指标	单位	0~6周龄	7~18周龄	19周龄~开产	产蛋期
代谢能(ME)	兆焦/千克	12.12	11.70	11.50	11.50
粗蛋白质	%	20.0	15.0	16.0	16.0
蛋白能量比	克/兆焦	16.50	12.82	13.91	13.91
赖氨酸能量比	克/兆焦	0.74(3.10)	0.56(2.32)	0.70(2.91)	0.70(2.91)
赖氨酸	%	0.90	0.75	0.80	0.80
蛋氨酸	%	0.38	0.29	0.37	0.40
蛋氨酸+胱氨酸	%	0.69	0.61	0.69	0.80

续附表 3

营养指标	单 位	0～6周龄	7～18周龄	19周龄～开产	产蛋期
苏氨酸	%	0.58	0.52	0.55	0.56
色氨酸	%	0.18	0.16	0.17	0.17
精氨酸	%	0.99	0.87	0.90	0.95
亮氨酸	%	0.94	0.74	0.83	0.86
异亮氨酸	%	0.60	0.55	0.56	0.60
苯丙氨酸	%	0.51	0.48	0.50	0.51
苯丙氨酸+酪氨酸	%	0.86	0.81	0.82	0.84
组氨酸	%	0.28	0.24	0.25	0.26
脯氨酸	%	0.43	0.39	0.40	0.42
缬氨酸	%	0.60	0.52	0.57	0.70
甘氨酸+丝氨酸	%	0.77	0.69	0.75	0.78
钙	%	0.90	0.90	2.00	3.00
总磷	%	0.65	0.61	0.63	0.65
非植酸磷	%	0.40	0.36	0.38	0.41
钠	%	0.16	0.16	0.16	0.16
氯	%	0.16	0.16	0.16	0.16
铁	毫克/千克	54	54	72	72
铜	毫克/千克	5.4	5.4	7.0	7.0
锰	毫克/千克	72	72	90	90
锌	毫克/千克	54	54	72	72
碘	毫克/千克	0.60	0.60	0.90	0.90
硒	毫克/千克	0.27	0.27	0.27	0.27
亚油酸	%	1	1	1	1
维生素 A	单位/千克	7200	5400	7200	10800
维生素 D	单位/千克	1440	1080	1620	2160
维生素 E	单位/千克	18	9	9	27

续附表3

营养指标	单位	0～6周龄	7～18周龄	19周龄～开产	产蛋期
维生素K	毫克/千克	1.4	1.4	1.4	1.4
硫胺素	毫克/千克	1.6	1.4	1.4	1.8
核黄素	毫克/千克	7	5	5	8
泛酸	毫克/千克	11	9	9	11
烟酸	毫克/千克	27	18	18	32
吡哆醇	毫克/千克	2.7	2.7	2.7	4.1
生物素	毫克/千克	0.14	0.09	0.09	0.18
叶酸	毫克/千克	0.90	0.45	0.45	1.08
维生素B_{12}	毫克/千克	0.009	0.005	0.007	0.010
胆碱	毫克/千克	1170	810	450	450

附表4 黄羽肉鸡种鸡生长期体重与耗料量

周龄	体重（克/只）	耗料量（克/只）	累计耗料量（克/只）
1	110	90	90
2	180	196	286
3	250	252	538
4	330	266	804
5	410	280	1084
6	500	294	1378
7	600	322	1700
8	690	343	2043
9	780	364	2407
10	870	385	2792
11	950	406	3198
12	1030	427	3625

续附表 4

周 龄	体重(克/只)	耗料量(克/只)	累计耗料量(克/只)
13	1110	448	4073
14	1190	469	4542
15	1270	490	5032
16	1350	511	5543
17	1430	532	6075
18	1510	553	6628
19	1600	574	7202
20	1700	595	7797

附表 5 黄羽肉鸡种鸡产蛋期体重与耗料量

周 龄	体重(克/只)	耗料量(克/只)	累计耗料量(克/只)
21	1780	616	616
22	1860	644	1260
24	2030	700	1960
26	2200	840	2800
28	2280	910	3710
30	2310	910	4620
32	2330	889	5509
34	2360	889	6398
36	2390	875	7273
38	2410	875	8148
40	2440	854	9002
42	2460	854	9856
44	2480	840	10696

续附表 5

周 龄	体重(克/只)	耗料量(克/只)	累计耗料量(克/只)
46	2500	840	11536
48	2520	826	12362
50	2540	826	13188
52	2560	826	14014
54	2580	805	14819
56	2600	805	15624
58	2620	805	16429
60	2630	805	17234
62	2640	805	18039
64	2650	805	18844
66	2660	805	19649

附表 6 中国禽用饲料成分及营养价值表

序号	饲料号	饲料名称	饲料描述	干物质 DM%	粗蛋白 CP%	粗脂肪 EE%	粗纤维 CF%	赖氨酸 (%)	蛋氨酸 (%)	胱氨酸 (%)	粗灰分 Ash%	钙 Ca%	总磷 P%	非植酸磷 NP-P%	鸡代谢能 Mcal/kg	鸡代谢能 ME MJ/kg
1	4-07-0278	玉米	成熟,高蛋白优质	86.0	9.4	3.1	1.2	0.26	0.19	0.22	1.2	0.02	0.27	0.12	3.18	13.31
2	4-07-0288	玉米	成熟,高赖氨酸·优质	86.0	8.5	5.3	2.6	0.36	0.15	0.18	1.3	0.16	0.25	0.09	3.25	13.60
3	4-07-0279	玉米	成熟,GB/T17890-1999,1级	86.0	8.7	3.6	1.6	0.24	0.18	0.20	1.4	0.02	0.27	0.12	3.24	13.56
4	4-07-0280	玉米	成熟,GB/T17890-1999,2级	86.0	7.8	3.5	1.6	0.23	0.15	0.15	1.3	0.02	0.27	0.12	3.22	13.47
5	4-07-0272	高粱	成熟,NY/T 1级	86.0	9.0	3.4	1.4	0.18	0.17	0.12	1.8	0.13	0.36	0.17	2.94	12.30
6	4-07-0270	小麦	混合小麦,成熟 NY/T 2级	87.0	13.9	1.7	1.9	0.30	0.25	0.24	1.9	0.17	0.41	0.13	3.04	12.72
7	4-07-0274	大麦(裸)	裸大麦,成熟 NY/T 2级	87.0	13.0	2.1	2.0	0.44	0.14	0.25	2.2	0.04	0.39	0.21	2.68	11.21
8	4-07-0277	大麦(皮)	皮大麦,成熟 NY/T 1级	87.0	11.0	1.7	4.8	0.42	0.18	0.18	2.4	0.09	0.33	0.17	2.70	11.30
9	4-07-0281	黑麦	籽粒,进口	88.0	11.0	1.5	2.2	0.37	0.16	0.25	1.8	0.05	0.30	0.11	2.69	11.25
10	4-07-0273	稻谷	成熟,晒干 NY/T 2级	86.0	7.8	1.6	8.2	0.29	0.19	0.16	4.6	0.03	0.36	0.20	2.63	11.00
11	4-07-0276	糙米	良,成熟,未去米糠	87.0	8.8	2.0	0.7	0.32	0.20	0.14	1.3	0.03	0.35	0.15	3.36	14.06
12	4-07-0275	碎米	良,加工精米后的副产品	88.0	10.4	2.2	1.1	0.42	0.22	0.17	1.6	0.06	0.15	3.40	14.23	
13	4-07-0479	粟(谷子)	合格,带壳,成熟	86.5	9.7	2.3	6.8	0.15	0.25	0.20	2.7	0.12	0.30	0.11	2.84	11.88
14	4-04-0067	木薯干	木薯干片,晒干 NY/T合格	87.0	2.5	0.7	2.5	0.13	0.05	0.04	2.7	0.27	0.09	—	2.96	12.38
15	4-04-0068	甘薯干	甘薯干片,晒干 NY/T合格	87.0	4.0	0.8	2.8	0.16	0.06	0.08	3.0	0.19	0.02	—	2.34	9.79
16	4-08-0104	次粉	黑面、黄粉、下面 NY/T 1级	88.0	15.4	2.2	1.5	0.59	0.23	0.37	1.5	0.08	0.48	0.14	3.05	12.76

续附表 6

序号	饲料号	饲料名称	饲料描述	干物质DM%	粗蛋白CP%	粗脂肪EE%	粗纤维CF%	赖氨酸(%)	蛋氨酸(%)	胱氨酸(%)	粗灰分Ash%	钙Ca%	总磷P%	非植酸磷NP-P%	鸡代谢能ME Mcal/kg	ME MJ/kg
17	4-08-0105	次粉	黑面、黄粉、下面 NY/T 1级	87.0	13.6	2.1	2.8	0.52	0.16	0.33	1.8	0.08	0.48	0.14	2.99	12.51
18	4-08-0069	小麦麸	传统制粉工艺 NY/T 1级	87.0	15.7	3.9	8.9	0.58	0.13	0.26	4.9	0.11	0.92	0.24	1.63	6.82
19	4-08-0070	小麦麸	传统制粉工艺 NY/T 2级	87.0	14.3	4.0	6.8	0.53	0.12	0.24	4.8	0.10	0.93	0.24	1.62	6.78
20	4-08-0041	米糠	新鲜、不脱脂 NY/T 1级	87.0	12.8	16.5	5.7	0.74	0.25	0.19	7.5	0.07	1.43	0.10	2.68	11.21
21	4-10-0025	米糠饼	未脱脂,机榨 NY/T 1级	88.0	14.7	9.0	7.4	0.66	0.26	0.30	8.7	0.14	1.69	0.22	2.43	10.17
22	4-10-0018	米糠粕	浸提或预压浸提 NY/T 1级	87.0	15.1	2.0	7.5	0.72	0.28	0.32	8.8	0.15	1.82	0.24	1.98	8.28
23	5-09-0127	大豆	黄大豆,成熟 NY/T 1级	87.0	35.5	17.3	4.3	2.20	0.56	0.70	4.2	0.27	0.48	0.30	3.24	13.56
24	5-09-0128	全脂大豆	湿法膨化,生大豆为 NY/T 2级	88.0	35.5	18.7	4.6	2.37	0.55	0.76	4.2	0.32	0.40	0.25	3.75	15.69
25	5-10-0241	大豆饼	机榨 NY/T 1级	89.0	41.8	5.8	4.8	2.43	0.60	0.62	5.0	0.31	0.50	0.25	2.52	10.54
26	5-10-0103	大豆粕	去皮,浸提或预压浸提 NY/T 2级	89.0	47.9	1.0	4.0	2.87	0.67	0.73	4.9	0.34	0.65	0.19	2.40	10.04
27	5-10-0102	大豆粕	浸提或预压浸提 NY/T 1级	89.0	44.0	1.9	5.2	2.66	0.62	0.68	6.1	0.33	0.62	0.18	2.35	9.83
28	5-10-0118	棉籽饼	机榨 NY/T 2级	88.0	36.3	7.4	12.5	1.40	0.41	0.70	5.7	0.21	0.83	0.28	2.16	9.04
29	5-10-0119	棉籽粕	浸提或预压浸提 NY/T 1级	90.0	47.0	0.5	10.2	2.13	0.56	0.66	6.0	0.25	1.10	0.38	1.86	7.78
30	5-10-0117	棉籽粕	浸提或预压浸提 NY/T 2级	90.0	43.5	0.5	10.5	1.97	0.58	0.68	6.6	0.28	1.04	0.36	2.03	8.49
31	5-10-0183	菜籽饼	机榨 NY/T 2级	88.0	35.7	7.4	11.4	1.33	0.63	0.87	7.2	0.59	0.96	0.33	1.95	8.16
32	5-10-0121	菜籽粕	浸提或预压浸提 NY/T 2级	88.0	38.6	1.4	11.8	1.33	0.63	0.87	7.3	0.65	1.02	0.35	1.77	7.41

续附表 6

序号	饲料号	饲料名称	饲料描述	干物质 DM%	粗蛋白 CP%	粗脂肪 EE%	粗纤维 CF%	赖氨酸 (%)	蛋氨酸 (%)	胱氨酸 (%)	粗灰分 Ash%	钙 Ca%	总磷 P%	非植酸磷 NP-P%	鸡代谢能 ME Mcal/kg	ME MJ/kg
33	5-10-0116	花生仁饼	机榨 NY/T 2 级	88.0	44.7	7.2	5.9	1.32	0.39	0.38	5.1	0.25	0.53	0.31	2.78	11.63
34	5-10-0115	花生仁粕	浸提或预压浸提 NY/T 2 级	88.0	47.8	1.4	6.2	1.40	0.41	0.40	5.4	0.27	0.56	0.33	2.60	10.88
35	5-10-0031	向日葵仁饼	壳仁比: 35:65 NY/T 3 级	88.0	29.0	2.9	20.4	0.96	0.59	0.43	4.7	0.24	0.87	0.13	1.59	6.65
36	5-10-0242	向日葵仁粕	壳仁比: 16:84 NY/T 2 级	88.0	36.5	1.0	10.5	1.22	0.72	0.62	5.6	0.27	1.13	0.17	2.32	9.71
37	5-10-0243	向日葵仁粕	壳仁比: 24:76 NY/T 2 级	88.0	33.6	1.0	14.8	1.13	0.69	0.50	5.3	0.26	1.03	0.16	2.03	8.49
38	5-10-0119	亚麻仁饼	机榨 NY/T 2 级	88.0	32.2	7.8	7.8	0.73	0.46	0.48	6.2	0.39	0.88	0.38	2.34	9.79
39	5-10-0120	亚麻仁粕	浸提或预压浸提 NY/T 2 级	88.0	34.8	1.8	8.2	1.16	0.55	0.55	6.6	0.42	0.95	0.42	1.90	7.95
40	5-10-0246	芝麻饼	机榨, CP40%	92.0	39.2	10.3	7.2	0.82	0.82	0.75	10.4	2.24	1.19	0.00	2.14	8.95
41	5-11-0001	玉米蛋白粉	玉米去胚芽、淀粉后的面筋部分 CP60%	90.1	63.5	5.4	1.0	0.97	1.42	0.96	1.0	0.07	0.44	0.17	3.88	16.23
42	5-11-0002	玉米蛋白粉	同上, 中蛋白产品, CP50%	91.2	51.3	7.8	2.1	0.92	1.14	0.76	2.0	0.06	0.42	0.16	3.41	14.27
43	5-11-0008	玉米蛋白粉	同上, 中蛋白产品, CP40%	89.9	44.3	6.0	1.6	0.71	1.04	0.65	0.9	—	—	—	3.18	13.31
44	5-11-0003	玉米蛋白饲料	玉米去胚芽去淀粉后的含皮残渣	88.0	19.3	7.5	7.8	0.63	0.29	0.33	5.4	0.15	0.70	—	2.02	8.45
45	4-10-0026	玉米胚芽饼	湿磨后的胚芽, 机榨	90.0	16.7	9.6	6.3	0.70	0.31	0.47	6.6	0.04	1.45	—	2.24	9.37
46	4-10-0244	玉米胚芽粕	玉米湿磨后的胚芽, 浸提	90.0	20.8	2.0	6.5	0.75	0.21	0.28	5.9	0.06	1.23	—	2.07	8.66
47	5-11-0007	DDGS	玉米啤酒糟及可溶物, 脱水	90.0	28.3	13.7	7.1	0.59	0.59	0.39	4.1	0.20	0.74	0.42	2.20	9.20

续附表 6

序号	饲料号	饲料名称	饲料描述	干物质 DM%	粗蛋白 CP%	粗脂肪 EE%	粗纤维 CF%	赖氨酸 (%)	蛋氨酸 (%)	胱氨酸 (%)	粗灰分 Ash%	钙 Ca%	总磷 P%	非植酸磷 NP-P%	鸡代谢能 ME Mcal/kg	鸡代谢能 ME MJ/kg
48	5-11-0009	蚕豆粉浆蛋白粉	蚕豆去皮制粉丝后的浆液,脱水	88.0	66.3	4.7	4.1	4.44	0.60	0.57	2.6	—	0.59	—	3.47	14.52
49	5-11-0004	麦芽根	大麦芽副产品,干燥	89.7	28.3	1.4	12.5	1.30	1.71	0.58	6.1	0.22	0.73	—	1.41	5.90
50	5-13-0044	鱼粉(CP64.5%)	7样平均值	90.0	64.5	5.6	0.5	5.22	1.71	0.58	11.4	3.81	2.83	2.83	2.96	12.38
51	5-13-0045	鱼粉(CP62.5%)	8样平均值	90.0	62.5	4.0	0.5	5.12	1.66	0.55	12.3	3.96	3.05	3.05	2.91	12.18
52	5-13-0046	鱼粉(CP60.2%)	沿海产的海鱼粉,脱脂,12样平均值	90.0	60.2	4.9	0.5	4.72	1.64	0.52	12.8	4.04	2.90	2.90	2.82	11.80
53	5-13-0077	鱼粉(CP53.5%)	沿海产的海鱼粉,脱脂,11样平均值	90.0	53.5	10.0	0.8	3.87	1.37	0.49	20.8	5.88	3.20	3.20	2.90	12.13
54	5-13-0036	血粉	鲜猪血喷雾干燥	88.0	82.8	0.4	0.0	6.67	0.74	0.98	3.2	0.29	0.31	0.31	2.46	10.29
55	5-13-0037	羽毛粉	纯净羽毛,水解	88.0	77.9	2.2	0.7	1.65	0.59	2.93	5.8	0.20	0.68	0.68	2.73	11.42
56	5-13-0038	皮革粉	废牛皮,水解	88.0	74.7	0.8	1.6	2.18	0.80	0.16	10.9	4.40	0.15	0.15	—	—
57	5-13-0047	肉骨粉	屠宰下脚带骨干燥粉碎	93.0	50.0	8.5	2.8	2.60	0.67	0.33	3.17	9.20	4.70	4.70	2.38	9.96
58	5-13-0048	肉粉	脱脂	94.0	54.0	12.0	1.4	3.07	0.80	0.60	—	7.69	3.88	—	2.20	9.20

续附表 6

序号	饲料号	饲料名称	饲料描述	干物质 DM%	粗蛋白 CP%	粗脂肪 EE%	粗纤维 CF%	赖氨酸 (%)	蛋氨酸 (%)	胱氨酸 (%)	粗灰分 Ash%	钙 Ca%	总磷 P%	非植酸磷 NP-P%	鸡代谢能 ME Mcal/kg	鸡代谢能 ME MJ/kg
59	1-05-0074	苜蓿草粉(CP19%)	一茬 盛花翅 烘干 NY/T 1级	87.0	19.1	2.3	22.7	0.82	0.21	0.22	7.6	1.40	0.51	0.51	0.97	4.06
60	1-05-0075	苜蓿草粉(CP17%)	一茬 盛花翅 烘干 NY/T 2级	87.0	17.2	2.6	25.6	0.81	0.20	0.16	8.3	1.52	0.22	0.22	0.87	3.64
61	1-05-0076	苜蓿草粉(CP14~15%)	NY/T 3 级 NY/T	87.0	14.3	2.1	29.8	0.60	0.18	0.15	10.1	1.34	0.19	0.19	0.84	3.51
62	5-11-0005	啤酒糟	大麦酿造副产品	88.0	24.3	5.3	13.4	0.72	0.52	0.35	4.2	0.32	0.42	0.14	2.37	9.92
63	7-15-0001	啤酒酵母	啤酒酵母菌粉, QB/T 1940-94	91.7	52.4	0.4	0.6	3.38	0.83	0.50	4.7	0.16	1.02	—	2.52	10.54
64	4-13-0075	乳清粉	乳清,脱水,低乳糖含量	94.0	12.0	0.7	0.0	1.10	0.20	0.30	9.7	0.87	0.79	0.79	2.73	11.42
65	5-01-0162	酪蛋白	脱水	91.0	88.7	0.8	—	7.85	2.70	0.41	—	0.63	1.01	0.82	4.13	17.28
66	5-14-0503	明胶		90.0	88.6	0.5	—	3.62	0.76	0.12	—	0.49	—	—	2.36	9.87
67	4-06-0076	牛奶乳糖	进口,含乳糖 80%以上	96.0	4.0	0.5	0.0	0.16	0.03	0.04	8.0	0.52	0.62	0.62	2.69	11.25
68	4-06-0077	乳糖		96.0	0.3	—	—				—	—	—	—	—	—
69	4-06-0078	葡萄糖		90.0	0.3	—	—				—	—	—	—	3.08	12.89
70	4-06-0079	蔗糖		99.0	0.0	0.0	—	—	—	—	—	0.04	0.01	0.01	3.90	16.32
71	4-02-0889	玉米淀粉		99.0	0.3	0.2	—	—	—	—	—	0.00	0.03	0.01	3.16	13.22

续附表 6

序号	饲料号	饲料名称	饲料描述	干物质 DM%	粗蛋白 CP%	粗脂肪 EE%	粗纤维 CF%	赖氨酸 (%)	蛋氨酸 (%)	胱氨酸 (%)	粗灰分 Ash%	钙 Ca%	总磷 P%	非植酸磷 NP-P%	鸡代谢能 ME Mcal/kg	ME MJ/kg
72	4-07-0001	牛脂		99.0	0.3	≥98	0.0	—	—	—	—	0.00	0.00	0.00	7.78	32.55
73	4-07-0002	猪油		99.0	0.0	≥98	0.0	—	—	—	—	0.00	0.00	0.00	9.11	38.11
74	4-07-0003	家禽脂肪		99.0	0.0	≥98	0.0	—	—	—	—	0.00	0.00	0.00	9.36	39.16
75	4-07-0004	鱼油		99.0	0.0	≥98	0.0	—	—	—	—	0.00	0.00	0.00	8.45	35.35
76	4-07-0005	菜子油		99.0	0.0	≥98	0.0	—	—	—	—	0.00	0.00	0.00	9.21	38.53
77	4-07-0006	椰子油		99.0	0.0	≥98	0.0	—	—	—	—	0.00	0.00	0.00	8.81	36.76
78	4-07-0007	玉米油		100.0	0.0	≥99	0.0	—	—	—	—	0.00	0.00	0.00	9.66	40.42
79	4-17-0008	棉籽油		100.0	0.0	≥99	0.0	—	—	—	—	0.00	0.00	0.00	—	—
80	4-17-0009	棕榈油		100.0	0.0	≥99	0.0	—	—	—	—	0.00	0.00	0.00	5.80	24.27
81	4-17-0010	花生油		100.0	0.0	≥99	0.0	—	—	—	—	0.00	0.00	0.00	9.36	39.16
82	4-17-0011	芝麻油		100.0	0.0	≥99	0.0	—	—	—	—	0.00	0.00	0.00	—	—
83	4-17-0012	大豆油	粗制	100.0	0.0	≥99	0.0	—	—	—	—	0.00	0.00	0.00	8.37	35.02
84	4-17-0013	葵花油		100.0	0.0	≥99	0.0	—	—	—	—	0.00	0.00	0.00	9.66	40.42

附表 7 常量矿物质饲料中矿物元素的含量

序	中国料号	饲料名称	化学分子式	钙(%)	磷(%)	磷利用率(%)	钠(%)	氯(%)	钾(%)	镁(%)	硫(%)	铁(%)	锰(%)
01	6-14-0001	碳酸钙,饲料级轻质	$CaCO_3$	38.42	0.02	—	0.08	0.02	0.08	1.61	0.08	0.06	0.02
02	6-14-0002	磷酸氢钙,无水	$CaHPO_4$	29.60	22.77	95~100	0.18	0.47	0.15	0.80	0.80	0.79	0.14
03	6-14-0003	磷酸氢钙,2个结晶水	$CaHPO_4 \cdot 2H_2O$	23.29	18.00	95~100	—	—	—	—	—	—	—
04	6-14-0004	磷酸二氢钙	$Ca(H_2PO_4)_2 \cdot H_2O$	15.90	24.58	100	0.20	—	0.16	0.90	0.80	0.75	0.01
05	6-14-0005	磷酸三钙(磷酸钙)	$Ca_3(PO_4)_2$	38.76	20.0	—	—	—	—	—	—	—	—
06	6-14-0006	石粉,石灰石,方解石等		35.84	0.01	—	0.06	0.02	0.11	2.06	0.04	0.35	0.02
07	6-14-0007	骨粉,脱脂		29.80	12.50	80~90	0.04	—	0.20	0.30	2.40	—	0.03
08	6-14-0008	贝壳粉		32~35	—	—	—	—	—	—	—	—	—
09	6-14-0009	蛋壳粉		30~40	0.1~0.4	—	—	—	—	—	—	—	—
10	6-14-0010	磷酸氢铵	$(NH_4)_2HPO_4$	0.35	23.48	100	0.20	—	0.16	0.75	1.50	0.41	0.01
11	6-14-0011	磷酸二氢铵	$(NH_4)H_2PO_4$	—	26.93	100	—	—	—	—	—	—	—
12	6-14-0012	磷酸氢二钠	Na_2HPO_4	0.09	21.82	100	31.04	—	—	—	—	—	—
13	6-14-0013	磷酸二氢钠	NaH_2PO_4	—	25.81	100	19.17	0.02	0.01	0.01	—	—	—
14	6-14-0014	碳酸钠	Na_2CO_3	—	—	—	43.30	—	—	—	—	—	—
15	6-14-0015	碳酸氢钠	$NaHCO_3$	0.01	—	—	27.00	—	0.01	—	—	—	—
16	6-14-0016	氯化钠	$NaCl$	0.30	—	—	39.50	59.00	—	0.005	0.20	0.01	—

续附表 7

序	中国饲料号	饲料名称	化学分子式	钙(%)	磷(%)	磷利用率(%)	钠(%)	氯(%)	钾(%)	镁(%)	硫(%)	铁(%)	锰(%)
17	6-14-0017	氯化镁,6个结晶水	$MgCl_2 \cdot 6H_2O$	—	—	—	—	—	—	11.95	—	—	—
18	6-14-0018	碳酸镁	$MgCO_3$	0.02	—	—	—	—	—	34.00	—	—	0.01
19	6-14-0019	氧化镁	MgO	1.69	—	—	—	—	—	55.00	0.10	1.06	—
20	6-14-0020	硫酸镁,7个结晶水	$MgSO_4 \cdot 7H_2O$	0.02	—	—	—	0.01	0.02	9.86	13.01	—	—
21	6-14-0021	氯化钾	KCl	0.05	—	—	1.00	47.56	52.44	0.23	0.32	0.06	0.001
22	6-14-0022	硫酸钾	K_2SO_4	0.15	—	—	0.09	1.50	44.87	0.60	18.40	0.07	0.001

说明: 1. 数据来源于《中国饲料学》(2000,张子仪主编)及《猪营养需要》(NRC,1998).

2. 饲料中使用的矿物质添加剂一般不是化学纯化合物,其组成成分的变异较大。如果能得到,一般应采用原料供应商的分析结果。例如,饲料级的磷酸氢钙原料中往往含有一些磷酸二氢钙,而磷酸二氢钙中含有一些磷酸氢钙。

附表 8　常用维生素类饲料添加剂产品有效成分含量

有效成分	产品名称	有效成分含量
维生素 A	维生素 A 醋酸酯 维生素 AD₃ 粉 维生素 A 醋酸酯原料(油)	30 万单位/克,40 万单位/克或 50 万单位/克 50 万单位/克 210 万单位/克
维生素 D₃	维生素 D₃ 维生素 AD₃ 粉 维生素 D₃ 原料(锭剂)	10 万单位/克,30 万单位/克,40 万单位/克或 50 万单位/克 20000 万单位/克
DL-α-生育酚	维生素 E 醋酸酯粉剂 维生素 E 醋酸酯油剂	50% 97%
维生素 K₃ (甲萘醌)	亚硫酸氢钠甲萘醌(MSB)微囊 亚硫酸氢钠甲萘醌(MSB) 亚硫酸烟酰胺甲萘醌(MNB) 亚硫酸氢钠甲萘醌复合物(MSBC) 亚硫酸二甲嘧啶甲萘醌(MPB)	含甲萘醌 25% 含亚硫酸氢钠甲萘醌 94%,约含甲萘醌 50% 含甲萘醌不低于 43.7% 约含甲萘醌 33% 含亚硫酸二甲嘧啶甲萘醌 50%,约含甲萘醌 22.5%
硫胺素	硝酸硫胺 盐酸硫胺	含硝酸硫胺 98.0%,约含硫胺素 80.0% 含盐酸硫胺 98.5%,约含硫胺素 88.0%

续附表 8

有效成分	产品名称	有效成分含量
核黄素	维生素 B_2	80%或96%
D-泛酸	D-泛酸钙 DL-泛酸钙	含D-泛酸钙98.0%,约含D-泛酸90.0% 相当于D-泛酸钙生物活性的50%
烟 酸	烟酸 烟酰胺	99.0% 98.5%
维生素 B_6	盐酸吡哆醇	含盐酸吡哆醇98%,约含吡哆醇80%
D-生物素	生物素	2%或98%
叶酸	叶酸	80%或95%
维生素 B_{12}	维生素 B_{12}	1%,5%或10%
胆 碱	氯化胆碱粉剂 氯化胆碱液剂	含氯化胆碱50%或60%,约含胆碱37.3%或44.8% 含氯化胆碱70%或75%,约含胆碱52.2%或56.0%

金盾版图书,科学实用,通俗易懂,物美价廉,欢迎选购

鸡鸭鹅病防治(第四次修订版)	12.00元	怎样提高养鹅效益	6.00元
肉狗的饲养管理(修订版)	5.00元	家禽孵化工培训教材	9.00元
中外名犬的饲养训练与鉴赏	19.50元	鸡鸭鹅的育种与孵化技术(第二版)	6.00元
藏獒的选择与繁殖	13.00元	家禽孵化与雏禽雌雄鉴别(第二次修订版)	30.00元
藏獒饲养管理与疾病防治	20.00元	鸡鸭鹅的饲养管理(第二版)	4.60元
养狗驯狗与狗病防治(第三次修订版)	18.00元	鸡鸭鹅饲养新技术(第2版)	16.00元
狗病防治手册	16.00元	简明鸡鸭鹅饲养手册	8.00元
狗病临床手册	29.00元	肉鸡肉鸭肉鹅快速饲养法	5.50元
犬病鉴别诊断与防治	15.00元	肉鸡肉鸭肉鹅高效益饲养技术	10.00元
宠物美容与调教	15.00元		
宠物医师临床检验手册	34.00元	鸡鸭鹅病诊断与防治原色图谱	16.00元
宠物常见病例分析	16.00元	鸭病防治(第4版)	11.00元
宠物临床急救技术	27.00元	鸭瘟 小鹅瘟 番鸭细小病毒病及其防制	3.50元
新编训犬指南	12.00元		
狂犬病及其防治	7.00元	家庭科学养鸡(第2版)	20.00元
怎样提高养鸭效益	6.00元	怎样经营好家庭鸡场	14.00元
肉鸭饲养员培训教材	8.00元	肉鸡高效益饲养技术(第3版)	19.00元
鸭鹅良种引种指导	6.00元		
种草养鹅与鹅肥肝生产	6.50元	肉鸡无公害高效养殖	10.00元
肉鹅高效益养殖技术	12.00元	优质黄羽肉鸡养殖技术	9.50元

书名	价格	书名	价格
怎样养好肉鸡	6.50元	蛋鸡良种引种指导	10.50元
怎样提高养肉鸡效益	12.00元	肉鸡良种引种指导	13.00元
肉鸡标准化生产技术	12.00元	土杂鸡养殖技术	11.00元
肉鸡饲养员培训教材	8.00元	果园林地生态养鸡技术	6.50元
蛋鸡饲养员培训教材	7.00元	养鸡防疫消毒实用技术	8.00元
蛋鸡无公害高效养殖	14.00元	鸡马立克氏病及其防制	4.50元
怎样提高养蛋鸡效益	12.00元	新城疫及其防制	6.00元
蛋鸡高效益饲养技术	5.80元	鸡传染性法氏囊病及其防制	3.50元
蛋鸡标准化生产技术	9.00元		
蛋鸡饲养技术(修订版)	5.50元	鸡产蛋下降综合征及其防治	4.50元
蛋鸡蛋鸭高产饲养法(第2版)	18.00元	科学养鸭指南	24.00元
鸡高效养殖教材	6.00元	怎样养好鸭和鹅	5.00元
药用乌鸡饲养技术	7.00元	蛋鸭饲养员培训教材	7.00元
怎样配鸡饲料(修订版)	5.50元	科学养鸭(修订版)	13.00元
鸡病防治(修订版)	8.50元	肉鸭饲养员培训教材	8.00元
鸡病诊治150问	13.00元	肉鸭高效益饲养技术	10.00元
养鸡场鸡病防治技术(第二次修订版)	15.00元	北京鸭选育与养殖技术	7.00元
		骡鸭饲养技术	9.00元
鸡场兽医师手册	28.00元	鸭病防治(修订版)	6.50元
科学养鸡指南	39.00元	稻田围栏养鸭	9.00元
蛋鸡高效益饲养技术(修订版)	11.00元	科学养鹅	3.80元
		高效养鹅及鹅病防治	8.00元
鸡饲料科学配制与应用	10.00元	鸭鹅饲料科学配制与应用	14.00元
节粮型蛋鸡饲养管理技术	9.00元	鹧鹑规模养殖致富	8.00元

以上图书由全国各地新华书店经销。凡向本社邮购图书或音像制品，可通过邮局汇款，在汇单"附言"栏填写所购书目，邮购图书均可享受9折优惠。购书30元(按打折后实款计算)以上的免收邮挂费，购书不足30元的按邮局资费标准收取3元挂号费，邮寄费由我社承担。邮购地址：北京市丰台区晓月中路29号，邮政编码：100072，联系人：金友，电话：(010)83210681、83210682、83219215、83219217(传真)。